中等职业学校工业和信息化精品系列教材

计·算·机·应·用

办公软件应用

项目式微课版

尹雄 周弘颖◎主编

程阳 黄凤章 韦雪莉◎副主编

人民邮电出版社

北京

图书在版编目（CIP）数据

办公软件应用：项目式微课版 / 尹雄，周弘颖主编
. -- 北京：人民邮电出版社，2022.8
中等职业学校工业和信息化精品系列教材
ISBN 978-7-115-59516-4

Ⅰ. ①办… Ⅱ. ①尹… ②周… Ⅲ. ①办公自动化—
应用软件—中等专业学校—教材 Ⅳ. ①TP317.1

中国版本图书馆CIP数据核字(2022)第105058号

内 容 提 要

　　本书主要讲解 Office 2016 办公软件的使用，包括制作并编辑 Word 文档、美化和排版 Word 文档、制作并编辑 Excel 表格、管理并分析表格数据、制作并编辑演示文稿、添加交互与放映输出、Office 移动办公与协同办公等知识，最后通过综合案例——制作产品营销推广方案进行综合训练。

　　本书采用项目—任务式进行讲解，每个任务主要由任务目标、相关知识和任务实施 3 部分组成，每个项目最后均配有强化实训和课后练习，以及与每个项目的内容相关的技能提升知识，便于从多个方面提升读者的学习能力和动手能力（项目八除外）。

　　本书适合作为职业院校计算机办公自动化、计算机应用等相关专业的教材，也可作为各类社会培训机构相关课程的教材，还可作为 Office 初学者、办公人员的自学参考书。

◆ 主　　编　尹　雄　周弘颖
　　副 主 编　程　阳　黄凤章　韦雪莉
　　责任编辑　刘晓东
　　责任印制　王　郁　焦志炜

◆ 人民邮电出版社出版发行　　北京市丰台区成寿寺路 11 号
　　邮编　100164　电子邮件　315@ptpress.com.cn
　　网址　https://www.ptpress.com.cn
　　大厂回族自治县聚鑫印刷有限责任公司印刷

◆ 开本：889×1194　1/16
　　印张：13.25　　　　　　　　　　　2022 年 8 月第 1 版
　　字数：256 千字　　　　　　　　　2022 年 8 月河北第 1 次印刷

定价：49.80 元

读者服务热线：(010)81055256　印装质量热线：(010)81055316
反盗版热线：(010)81055315
广告经营许可证：京东市监广登字 20170147 号

前　言

2021 年 10 月，中共中央办公厅、国务院办公厅印发了《关于推动现代职业教育高质量发展的意见》（以下简称《意见》），《意见》指出，职业教育是国民教育体系和人力资源开发的重要组成部分，肩负着培养多样化人才、传承技术技能、促进就业创业的重要职责。在全面建设社会主义现代化国家新征程中，职业教育前途广阔、大有可为。其主要目标：到 2025 年，职业教育类型特色更加鲜明，现代职业教育体系基本建成，技能型社会建设全面推进；到 2035 年，职业教育整体水平进入世界前列，技能型社会基本建成。

职业教育的目的是培养具有一定文化水平和专业知识技能的应用型人才，职业教育侧重对学生实践技能和实际工作能力的培养。近年来，随着我国经济的快速发展，以及计算机技术的应用和发展，劳动力市场的需求在不断变化，社会对高素质实用型人才的需求更为迫切；与此同时，中等职业学校的招生人数也在不断增加，从而对教学的实用性、灵活性和新颖性都提出了更高的要求。

为了应对新形势的发展需要，我们根据现代职业教育的教学需要，组织了一批优秀的、具有丰富教学经验和实践经验的作者编写了本套"中等职业学校工业和信息化精品系列教材"。其中，"办公软件应用"是中等职业学校计算机应用专业的核心课程。该课程主要介绍日常工作与生活中较为实用的办公文档的制作方法与技巧，从而为培养应用型人才打下良好的基础，也为学生职业生涯的可持续发展做好办公能力方面的准备。

根据上述职业教育的发展趋势及课程的教学目标和要求，本书在编写上具有以下特色。

1. 打好基础，重视实践

"办公软件应用"这门课的实践性和应用性都很强，为了让学生能够熟练使用 Office 办公软件，本书采用讲练结合的方法，便于学生按任务进行相应的训练，逐步提高学生对办公软件的应用能力；同时通过将实际操作与实际办公应用环境相结合的方式，激发学生的学习兴趣，全面提升学生的实践能力和动手能力。

2. 采用情景导入 + 任务驱动式教学

为了满足当前中等职业教育教学改革的要求，本书的编写吸收了新的职教理念，在教学中以学生为中心，用任务引导教材内容的安排，形成"情景导入—任务讲解—上机实训—课后练习—技能提升"这样的教材讲解逻辑体系，并在各任务中设计了"任务目标""相关知识""任务实施"等板块，以适应任务驱动下的"教学做一体化"的课堂教学组织要求，引导学生开动脑筋，从而提升学生的动手能力（项目八除外）。

本书的"情景导入"从日常生活或办公中的场景入手，以主人公的实习情景为例引入各项目的教学主题，让学生了解相关知识点在实际工作中的应用情况。书中设置的主人公如下。

米拉：职场新进人员。

洪钧威：人称老洪，米拉的同事，他是米拉在职场中的导师和引路者。

3. 注重素质教育

本书在板块设计和案例的选取上注重培养学生的思考能力和动手能力，在情景导入、任务目标板块，以及"职业素养"小栏目中适当融入相关元素，希望能在培养学生职业技能的同时提高学生的职业综合素养。

4. 提供微课等教学资源

本书提供所有操作案例的微课视频，学生可扫码观看，也可登录人邮学院网站（www.rymooc.com）或扫描封底的二维码，使用手机号码完成注册，在首页右上角单击"学习卡"选项，输入封底刮刮卡中的激活码，即可在线观看全书微课视频，跟随微课视频进行学习，从而提升自己的实际动手能力。此外，本书还提供了素材文件与效果文件、精美 PPT 课件、题库练习软件、电子教案等教学资源，有需要的读者可自行登录人邮教育社区网站（http://www.ryjiaoyu.com）免费下载。

本书由尹雄、周弘颖担任主编，程阳、黄凤章、韦雪莉担任副主编。由于编者水平有限，本书难免存在不足之处，敬请读者指正。

编　者
2022 年 4 月

目　录

项目三　制作并编辑Excel 表格 59

项目四　管理并分析表格 数据 89

项目一

制作并编辑Word文档

情景导入

　　米拉毕业后初入职场，成了一家公司的行政人员。为了完成公司安排的各项任务，她经常求教亦师亦友的同事洪钧威（老洪），而老洪也教会了她许多办公技能。

米拉：老洪，公司的综合办公室拟订了一份关于明年工作计划的初稿，需要我把它编辑成电子文档，并适当做一些美化，但我有点担心做不好。

老洪：米拉，这个不难，你可以使用Word来录入初稿，并对它进行一些格式设置，使整个文档的条理更加清晰。

米拉：那可以将制作好的文档打印出来吗？

老洪：当然可以。

学习目标

- 了解Word 2016的基础知识
- 掌握输入并编辑文本的方法
- 掌握设置字体格式、段落格式的方法
- 掌握添加项目符号和编号的方法
- 掌握打印文档的方法

技能目标

- 制作并编辑"工作计划"文档
- 制作并编辑"个人简历"文档
- 打印"招标公告"文档

任务一　　制作并编辑"工作计划"文档

　　工作计划主要用于对一段时间内的工作提前做安排和打算，以协调大家的行动，使工作有条不紊地进行下去。同时，工作计划还可以对工作进度和质量进行考核，有较强的约束作用和督促作用。所以工作计划对工作既有指导作用，又有推动作用，有助于建立正常的工作秩序，提高工作效率。

 **任务目标**

　　本任务中米拉将根据综合办公室发来的初稿制作一份"工作计划"文档，并对其中的文本进行一些美化设置。制作该文档时，可以先录入文本，检查无误后再进行美化。"工作计划"文档的参考效果如图 1-1 所示。

 素材所在位置　素材文件\项目一\工作计划.txt
效果所在位置　效果文件\项目一\工作计划.docx

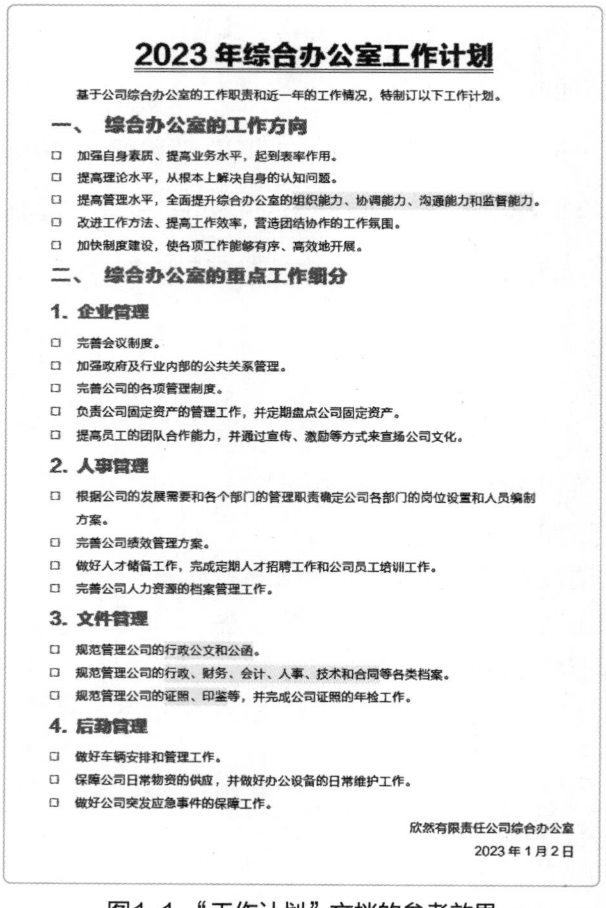

2023 年综合办公室工作计划

基于公司综合办公室的工作职责和近一年的工作情况，特制订以下工作计划。

一、　综合办公室的工作方向

- 加强自身素质、提高业务水平，起到表率作用。
- 提高理论水平，从根本上解决自身的认知问题。
- 提高管理水平，全面提升综合办公室的组织能力、协调能力、沟通能力和监督能力。
- 改进工作方法、提高工作效率，营造团结协作的工作氛围。
- 加快制度建设，使各项工作能够有序、高效地开展。

二、　综合办公室的重点工作细分

1. 企业管理

- 完善会议制度。
- 加强政府及行业内部的公共关系管理。
- 完善公司的各项管理制度。
- 负责公司固定资产的管理工作，并定期盘点公司固定资产。
- 提高员工的团队合作能力，并通过宣传、激励等方式来宣扬公司文化。

2. 人事管理

- 根据公司的发展需要和各个部门的管理职责确定公司各部门的岗位设置和人员编制方案。
- 完善公司绩效管理方案。
- 做好人才储备工作，完成定期人才招聘工作和公司员工培训工作。
- 完善公司人力资源的档案管理工作。

3. 文件管理

- 规范管理公司的行政公文和公函。
- 规范管理公司的行政、财务、会计、人事、技术和合同等各类档案。
- 规范管理公司的证照、印鉴等，并完成公司证照的年检工作。

4. 后勤管理

- 做好车辆安排和管理工作。
- 保障公司日常物资的供应，并做好办公设备的日常维护工作。
- 做好公司突发应急事件的保障工作。

欣然有限责任公司综合办公室
2023 年 1 月 2 日

图1-1　"工作计划"文档的参考效果

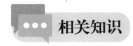

1. Word 2016 的启动与退出

启动与退出 Word 2016 的方法如下。

● 启动 Word 2016 的方法：一是单击"开始"按钮■，在打开的"开始"列表中选择"Word 2016"选项；二是将 Word 2016 固定到任务栏中后，单击任务栏中的■图标。

● 退出 Word 2016 的方法：一是单击其操作界面右上角的"关闭"按钮■，二是选择"文件"/"关闭"命令，三是按【Alt+F4】组合键。

Office 2016 三大组件的启动与退出方法类似，后续不再单独介绍。

知识补充　用户可以将某个应用程序固定到任务栏中以便快速打开，其方法为：单击"开始"按钮■，在打开的"开始"列表中找到需要固定的应用程序，然后在其上单击鼠标右键，在弹出的快捷菜单中选择"更多"/"固定到任务栏"命令。

2. 认识 Word 2016 的操作界面

启动 Word 2016 后，首先会进入"新建"界面，在其中选择需要新建的模板后，便进入相应的操作界面，图 1-2 所示为 Word 2016 的操作界面。

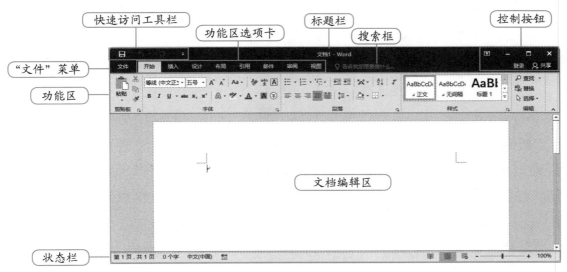

图1-2　Word 2016的操作界面

● **标题栏**。标题栏中显示的是当前程序和文档的名字，新建空白文档时默认显示"文档1-Word"。其中，"Word"是程序的名字，"文档1"是空白文档的系统暂定名。

● **快速访问工具栏**。快速访问工具栏以按钮的形式为用户提供了一些常用命令，如"保存""撤销键入""恢复键入"等。用户可以单击右侧的"自定义快速访问工具栏"按钮■，然后根据需要自行添加其他命令。

● **控制按钮**。控制按钮位于操作界面的右上角，包括"功能区显示选项"按钮■、"最小化"按钮■、"最大化"按钮■（"向下还原"按钮■）、"关闭"按钮■、登录按钮和 ■共享按钮。

● **"文件"菜单**。"文件"菜单为用户提供了"信息""新建""打开""保存""另存为""打印""共享""导出""关闭"等命令，通过该菜单可以查看当前文档的相关信息，以及进行新建、打开、保存、另存为、打印、共享、导出和关闭文档等操作。

● **功能区选项卡**。首次启动的 Word 2016 默认有 8 个功能区选项卡，分别是"开始""插入""设计""布局""引用""邮件""审阅""视图"，用户可根据需要选择选项卡中的各项工具来完成文档的制作。

● **搜索框**。搜索框位于功能区选项卡的右侧，通过搜索框用户不仅可以快速获取需要执行的操作的各项功能和有关输入内容的帮助，还可以智能查找输入的内容。

● **功能区**。功能区与功能区选项卡存在对应关系，单击某个功能区选项卡可打开相应的功能区。功能区中有许多可自适应窗口大小的组，每个组中又包含不同的按钮和下拉列表框等，如图 1-3 所示。有的组右下角还会显示"对话框启动器"按钮■，单击该按钮可打开相应的对话框或任务窗格，以进行更详细的设置。

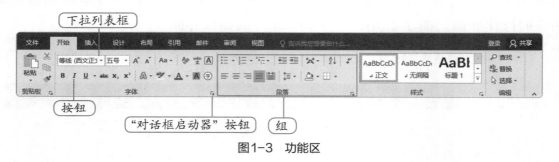

图1-3　功能区

● **文档编辑区**。文档编辑区用来输入并编辑文本，其中的竖线光标"|"又称为"文本插入点"，用来定位文本的位置。另外，文档编辑区的右侧和底部还有垂直/水平滚动条，当窗口缩小或编辑区不能完全显示文档内容时，可通过拖曳滚动条中的滑块将未显示的内容显示出来。

● **状态栏**。状态栏位于操作界面的底部，其中包括当前页码、总页码、文档字数、文档语言、"宏"按钮■、"阅读视图"按钮■、"页面视图"按钮■、"Web 版式视图"按钮■、缩放滑块和"缩放级别"按钮100%。

3. 文档的基本操作

在制作文档之前，需要了解文档的基本操作，包括新建、保存、打开和关闭文档。

● **新建文档**。新建文档有3种方法：一是启动Word 2016并新建文档，二是在打开的文档中选择"文件"/"新建"命令新建文档，三是按【Ctrl+N】组合键新建空白文档。

● **保存文档**。保存文档有保存和另存为两种方式，它们之间的不同是保存针对新建的文档，而另存为针对已保存过的文档。保存新建的文档的方法为：选择"文件"/"保存"命令，或单击快速访问工具栏中的"保存"按钮█，或者按【Ctrl+S】组合键，打开"另存为"界面，在其中选择相应选项后，打开"另存为"对话框，然后在该对话框中设置文档的名称和保存类型，最后单击 保存(S) 按钮保存文档。而保存已保存过的文档则只需单击快速访问工具栏中的"保存"按钮█或按【Ctrl+S】组合键即可。

● **打开文档**。在计算机中找到文档后，双击便可将其打开。另外，在正在编辑的文档中选择"文件"/"打开"命令，打开"打开"界面，在其中的"最近"列表中也可以选择文档并将其打开；若"最近"列表中没有需要的文档，则可选择"打开"界面中的"浏览"选项，打开"打开"对话框，在其中找到文档的保存位置并选择文档后，单击 打开(O) ▼ 按钮或直接双击文档将其打开。

● **关闭文档**。关闭文档只需选择"文件"/"关闭"命令，或单击"关闭"按钮█。

4．输入并编辑文本

将文本插入点定位到文档编辑区中后，用户便可通过键盘向其中输入文本，同时还可以通过各选项卡中的设置来编辑文本。扫描右侧二维码，可了解"开始"选项卡中各按钮的作用。

拓展阅读

"开始"选项卡中各按钮的作用

无论进行哪种编辑文本的操作，都需要先选择文本。在 Word 2016 中总共有以下 5 种选择文本的方法。

● **选择任意文本**。在需要选择的文本的开始位置单击以定位文本插入点，然后按住鼠标左键并将鼠标指针拖曳至需要选择的文本的末尾处，释放鼠标左键，被选择的文本将显示灰色底纹。

● **选择不连续的文本**。选择部分文本后，按住【Ctrl】键，可继续选择不连续的文本。

● **选择一行文本**。除了可以用选择任意文本的方法来选择一行文本外，还可以将鼠标指针移至要选择的文本左侧的空白区域，当鼠标指针变成⚐形状时，单击以选择整行文本。

● **选择一段文本**。除了可以用选择任意文本的方法来选择一段文本外，还可以将鼠标指针移至要选择的文本左侧的空白区域，当鼠标指针变成⚐形状时快速单击两次（即双击），或是在该段文本中的任意位置连续单击3次。

● **选择整篇文档**。将鼠标指针移至文档左侧的空白区域，当鼠标指针变成⚐形状时，单击3次可选择整篇文档；或在文档的开始位置定位文本插入点，然后在按住【Shift】键的同时将文本插入点定位至文档的末尾处选择整篇文档；或者按【Ctrl+A】组合键选择整篇文档。

任务实施

1. 新建并保存文档

在制作文档时，需要先考虑文档的类型和使用环境。若是传单、信函类的文档，则可以通过 Word 自带的模板来创建；若是比较正式的文档，如会议通知、工作计划等，则需要通过空白文档来创建。下面新建一个空白文档，然后将该文档以"工作计划 .docx"为名保存在计算机中，具体操作如下。

❶ 单击"开始"按钮▦，在打开的"开始"列表中选择"Word 2016"选项，在打开的"新建"界面中选择"空白文档"选项，如图 1-4 所示。

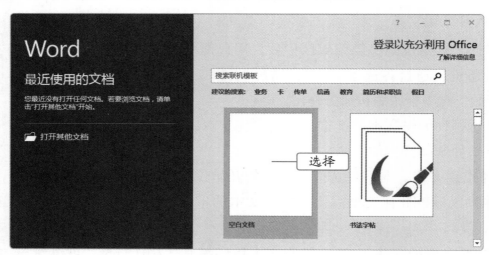

图1-4　新建空白文档

❷ 按【Ctrl+S】组合键打开"另存为"界面，选择"这台电脑"/"桌面"选项，打开"另存为"对话框，在地址栏中设置文档的保存位置，在"文件名"下拉列表框中输入"工作计划"，单击 保存(S) 按钮，如图 1-5 所示。

❸ 保存操作完成以后，标题栏中显示的内容将从"文档 1-Word"变为"工作计划 .docx-Word"。

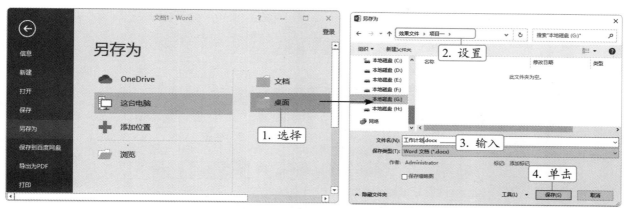

图1-5 保存文档

在 Word 中，模板是一种特殊的文档。它可以为用户提供文档的基础外观和文本的基本格式，用户可以通过搜索联机模板来新建文档。需要注意的是，使用 Word 的模板时，需要确保计算机已连接网络。

知识补充

2. 输入并编辑文本

微课视频

文档新建并保存好后，就可以输入并编辑文本了。下面在"工作计划 .docx"文档中输入文本内容，然后编辑字体格式，具体操作如下。

输入并编辑文本

❶ 对照初稿录入工作计划的具体内容。这里打开提供的"工作计划 .txt"文本文档，按【Ctrl+A】组合键全选文本，再按【Ctrl+C】组合键复制所选文本。

❷ 将文本插入点定位到已保存的"工作计划 .docx"文档中，按【Ctrl+V】组合键粘贴文本，完成文本的复制粘贴操作。

❸ 在【开始】/【编辑】组中单击"替换"按钮 ，或按【Ctrl+H】组合键打开"查找和替换"对话框。

❹ 在"查找内容"下拉列表框中输入"办公室"，在"替换为"下拉列表框中输入"综合办公室"，单击 查找下一处(F) 按钮，如图 1-6 所示，直至找到不包含"综合"字样的"办公室"文本为止。

❺ 单击 替换(R) 按钮，"办公室"文本将被替换为"综合办公室"文本，且系统将自动寻找下一个符合要求的文本，将文档中所有的"办公室"都替换成"综合办公室"。

❻ 选择"文件管理"文本及其下方的 3 个段落，按【Ctrl+X】组合键将其添加到剪贴板中，将文本插入点定位到"后勤管理"文本前，按【Ctrl+V】组合键粘贴文本，完成文本的移动操作。

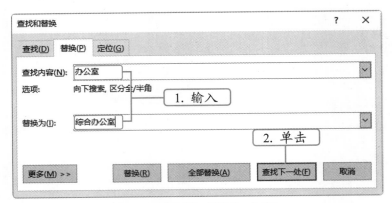

图1-6　"查找和替换"对话框

⑦　选择"2023年综合办公室工作计划"文本，在【开始】/【字体】组中单击"字体"下拉列表框右侧的下拉按钮▼，在打开的下拉列表中选择"方正兰亭粗黑_GBK"选项，单击"字号"下拉列表框右侧的下拉按钮▼，在打开的下拉列表中选择"二号"选项，如图1-7所示。

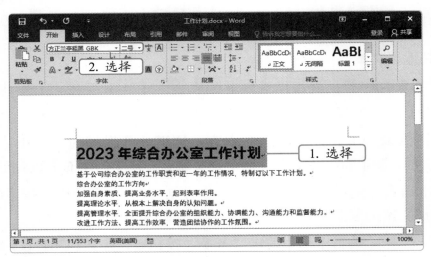

图1-7　设置字体和字号

知识补充

如果不知道应将文本设置为哪个字号，而依次选择不同的字号查看对应效果较为费力，此时可先选择文本，再按【Ctrl+]】组合键逐渐加大字号，或按【Ctrl+[】组合键逐渐减小字号。

⑧　保持标题文本处于选中状态，在【开始】/【字体】组中单击"下划线"按钮U右侧的下拉按钮▼，在打开的下拉列表中选择"双下划线"选项，如图1-8所示。

⑨　保持标题文本处于选中状态，在【开始】/【字体】组中单击"加粗"按钮B，在【开始】/【段落】组中单击"居中"按钮▤，如图1-9所示。

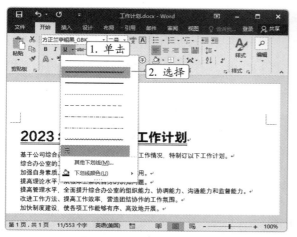

图1-8 添加下划线

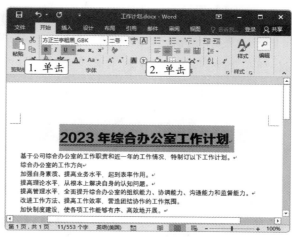

图1-9 设置对齐方式

⑩ 选择正文中的"综合办公室的工作方向"文本，将其字体格式设置为"方正兰亭粗黑 _GBK、三号、加粗"。

⑪ 将文本插入点定位到"综合办公室的工作方向"文本中，在【开始】/【剪贴板】组中单击"格式刷"按钮✄，当鼠标指针变成▲I形状时，按住鼠标左键选择"综合办公室的重点工作细分"文本，使该文本的字体格式与"综合办公室的工作方向"文本的字体格式相同。

⑫ 在按住【Ctrl】键的同时选择"企业管理""人事管理""文件管理""后勤管理"文本，将它们的字体格式设置为"方正兰亭粗黑 _GBK、四号、加粗"。将剩余文本的字体格式设置为"方正兰亭黑 _GBK、10 号"。

⑬ 选择标题下方的"基于……工作计划"文本，在【开始】/【段落】组中单击右下角的"对话框启动器"按钮▣，打开"段落"对话框，单击"缩进和间距"选项卡，在"缩进"栏的"特殊格式"下拉列表中选择"首行缩进"选项，在"缩进值"数值框中输入"2 字符"，单击 确定 按钮，如图 1-10 所示。

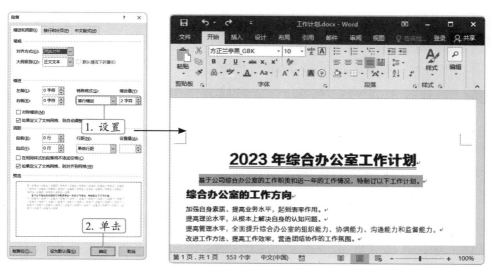

图1-10 设置段落的缩进方式

⑭ 选择正文中的"综合办公室的工作方向""综合办公室的重点工作细分""企业管理""人事管理""文件管理""后勤管理"文本，在【开始】/【字体】组中单击"字体颜色"按钮 ▲ 右侧的下拉按钮 ，打开颜色面板，在"标准色"栏中选择"红色"选项，如图1-11所示。

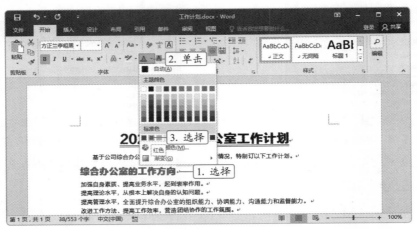

图1-11　设置字体颜色

⑮ 按【Ctrl+A】组合键全选文本，打开"段落"对话框，在"缩进和间距"选项卡的"间距"栏中设置"行距"为"多倍行距"，将"设置值"设置为"1.2"。

⑯ 选择最后两段文本，将其对齐方式设置为"右对齐"。

3. 添加编号和项目符号

微课视频

添加编号和项目符号

对于文档中分类或分步描述的内容，可为其添加编号和项目符号，从而使文档结构更加清晰。下面为"工作计划.docx"文档中的部分文本添加编号和项目符号，具体操作如下。

① 选择"综合办公室的工作方向"文本，在【开始】/【段落】组中单击"编号"按钮 ☲ 右侧的下拉按钮 ，在打开的下拉列表中选择"编号库"栏中的"一、二、三、"选项，如图1-12所示，单击【开始】/【剪贴板】组中的"格式刷"按钮 ，为"综合办公室的重点工作细分"文本添加同样的编号样式。

② 选择"企业管理""人事管理""文件管理""后勤管理"文本，使用同样的方法为其添加"1.2.3."样式的编号。

③ 选择"一、综合办公室的工作方向"文本下方的5个段落，在【开始】/【段落】组中单击"项目符号"按钮 ☲ 右侧的下拉按钮 ，在打开的下拉列表中选择"定义新项目符号"选项，如图1-13所示。

④ 打开"定义新项目符号"对话框，单击 符号(S)... 按钮，打开"符号"对话框，在"字体"下拉列表中选择"Wingdings"选项，在下方的列表中选择项目符号"□"，如图1-14所示。单击 确定 按钮，返回"定义新项目符号"对话框。

图1-12 添加编号　　　　　　　　图1-13 定义新项目符号

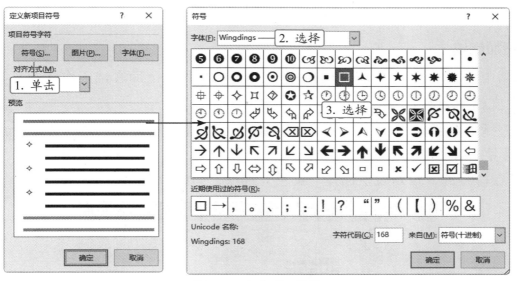

图1-14 添加项目符号

知识补充　　Wingdings系列字体是预置在Windows系统中的图形化符号。其中，Wingdings字体汇集了日常生活中常用的表意符号，如电话、书本、眼镜等；Wingdings 2字体主要包含数字序号、几何图形等；Wingdings 3字体则包含各种箭头形状。

❺ 单击 字体(F)... 按钮，打开"字体"对话框，在"所有文字"栏中单击"字体颜色"下拉列表框右侧的下拉按钮 ▾，打开颜色面板，在"标准色"栏中选择"红色"选项，依次单击 确定 按钮返回文档，如图1-15所示。

❻ 使用格式刷功能为其他红色文本下方添加项目符号。

图1-15　设置项目符号的颜色

4．添加底纹

在文档中为文本添加底纹可以起到突出强调的作用。下面在"工作计划 .docx"文档中为部分文本添加底纹，具体操作如下。

微课视频

添加底纹

❶　选择"组织能力、协调能力、沟通能力和监督能力"文本，在【开始】/【字体】组中单击"以不同颜色突出显示文本"按钮 ✓ 右侧的下拉按钮 ，在打开的下拉列表中选择"黄色"选项，如图 1-16 所示。

图1-16　添加底纹

❷　按住【Ctrl】键，依次选择"行政公文和公函""行政、财务、会计、人事、技术和合同""证照、印鉴"文本，在【开始】/【字体】组中单击"以不同颜色突出显示文本"按钮 ✓，为它们添加同样的底纹。

❸　完成上述操作后，按【Ctrl+S】组合键保存文档。

任务二 制作并编辑"个人简历"文档

个人简历是求职者向招聘企业或单位展示的一份自我介绍,可通过网络发送、邮寄和现场填写等方式提交给招聘企业或单位。个人简历包含了求职者的各项信息,其文档效果应简洁、重点突出。

 **任务目标**

临近毕业季,公司准备招聘新员工,所以安排米拉制作一份表格式的个人简历模板,便于求职者填写。为了顺利制作表格,米拉在制作表格前先画好了草图,确定好要填写的项目名称,然后在 Word 中插入空白表格,输入需要的文本信息,再根据草图对表格进行相应的编辑。"个人简历"文档的参考效果如图 1-17 所示。

 效果所在位置 效果文件\项目一\个人简历.docx

个人简历

姓名		性别		出生年月		
政治面貌		毕业院校		专业		照片
身份证号码						
家庭住址		邮政编码		联系电话		
户籍所在地		籍贯		身体状况		
学习经历	起止日期		学校			
工作经历	起止日期		单位名称及职位名称			
从业资格证书						
奖惩情况						
对该职位的理解						
备注						
	填表日期: 年 月 日					

图1-17 "个人简历"文档的参考效果

 职业素养

个人简历是求职者给企业的第一张名片,填写的信息应做到真实、准确、有效,不弄虚作假、不夸大事实,否则会给企业留下不好的印象,也不利于自己的求职。此外,除了表格式的简历外,还可以设计个性化的简历海报等,以吸引企业的注意力。

相关知识

1. 选择表格

在文档中单击【插入】/【表格】组中的"表格"按钮▦插入表格后，就可以对表格进行调整，调整表格前需要先选择表格。下面介绍在 Word 中选择表格的 3 种情况。

● **选择行**。选择行有两种方法：一是将鼠标指针移至需要选择的行的左侧，当鼠标指针变成◢形状时，单击即可选择相应行，若按住鼠标左键并向上或向下拖曳鼠标指针，则可选择多行；二是将文本插入点定位到需要选择的行的任意单元格中，在【表格工具 布局】/【表】组中单击"选择表格"按钮◺，在打开的下拉列表中选择"选择行"选项。

● **选择列**。选择列有两种方法：一是将鼠标指针移至需要选择的列的上方，当鼠标指针变成↓形状时，单击即可选择相应列，若按住鼠标左键并向左或向右拖曳鼠标指针，则可选择多列；二是将文本插入点定位到需要选择的列的任意单元格中，在【表格工具 布局】/【表】组中单击"选择表格"按钮◺，在打开的下拉列表中选择"选择列"选项。

● **全选表格**。全选表格有 3 种方法：一是单击表格左上角的"全选"按钮⊞以选择整个表格；二是在表格内部按住鼠标左键并拖曳鼠标指针选择整个表格；三是单击任意单元格，在【表格工具 布局】/【表】组中单击"选择表格"按钮◺，在打开的下拉列表中选择"选择表格"选项。

知识补充

将文本插入点定位到表格中后，Word 将会自动激活"表格工具 设计"选项卡和"表格工具 布局"选项卡，如图 1-18 所示。用户可以通过"表格工具 设计"选项卡设置表格的样式、边框和底纹等；通过"表格工具 布局"选项卡设置单元格大小、插入或删除单元格，以及设置表格文本的对齐方式等。

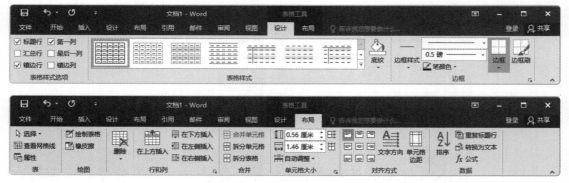

图1-18 "表格工具 设计"选项卡和"表格工具 布局"选项卡

2. 表格文本的对齐方式

在 Word 2016 中，表格文本的对齐方式一共有 9 种，分别是靠上两端对齐、靠上居中对齐、靠上右对齐、中部两端对齐、水平居中、中部右对齐、靠下两端对齐、靠下居中对齐和靠下右对齐。选择表格文本后，可在【表格工具 布局】/【对齐方式】组中选择需要的文本对齐方式。

任务实施

1. 创建表格

微课视频

创建表格

若要在文档中制作表格，则需要先通过"插入表格"对话框创建表格。下面在新建的"个人简历"文档中创建一个7列22行的表格，然后在表格中输入相关内容，具体操作如下。

1 新建并保存"个人简历.docx"文档，然后在其中输入"个人简历"，并将其字体格式设置为"方正书宋简体、二号、加粗、居中"。

2 按【Enter】键换行，在【插入】/【表格】组中单击"表格"按钮▦，在打开的下拉列表中选择"插入表格"选项，打开"插入表格"对话框，如图1-19所示。

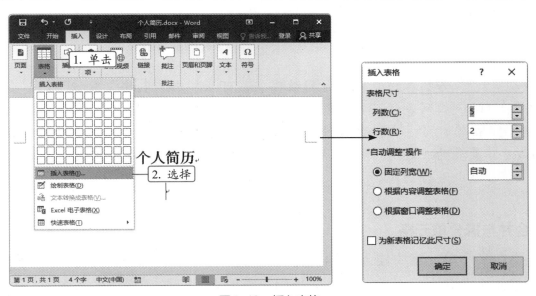

图1-19 插入表格

3 在"表格尺寸"栏中的"列数"数值框中输入"7"，在"行数"数值框中输入"22"，单击 确定 按钮。

4 此时文档中将插入一个7列22行的表格，且文本插入点将自动定位到第一个单元格中。由于在步骤 **1** 中设置了"个人简历"文本的字体格式，而按【Enter】键之后，其下的文字也会应用相同的字体格式，所以此时应将文本插入点定位到表格中，当表格左上角出现"全选"按钮⊞时，单击该按钮全选表格，并将表格文本的字体格式设置为

"宋体、10.5 号、居中"，且不加粗显示。

5 在表格中输入图 1-20 所示的文本。

个人简历

姓名		性别		出生年月		照片	
政治面貌		毕业院校		专业			
身份证号码							
家庭住址		邮政编码		联系电话			
户籍所在地		籍贯		身体状况			
学习经历		起止日期		学校			
工作经历		起止日期		单位名称及职位名称			
从业资格证书							
奖惩情况							
对该职位的理解							
备注							
填表日期：年月日							

图 1-20　输入文本

知识补充　　　　若插入的表格的行列数较少，可在单击"表格"按钮 后，在打开的下拉列表的"插入表格"栏中按住鼠标左键拖曳鼠标指针直接选择方格的数量。需要注意的是，在"插入表格"栏中可直接选择的方格数量最多为 10×8，即 10 列 8 行，大于该数的表格应在"插入表格"对话框中进行插入。

2．合并与拆分单元格

当需要在多个单元格中输入相同内容时，可使用合并单元格功能将多个相邻的单元格合并为一个单元格；而当用户需要在一个单元格中输入多个内容时，则可使用拆分单元格功能将一个单元格拆分为多个单元格。下面合并、拆分"个人简历 .docx"文档中的部分单元格，具体操作如下。

微课视频

合并与拆分
单元格

1 选择"照片"文本所在单元格和其下方的 3 个单元格，在【表格工具 布局】/【合并】组中单击"合并单元格"按钮 ，如图 1-21 所示。

2 所选的 4 个相邻单元格合并为一个单元格后的效果如图 1-22 所示。

3 使用同样的方法合并除"身份证号码"文本所在第 3 行外的其他需要合并的单元格，包括"身体状况""学习经历""起止日期""学校""工作经历""单位名称及职位名称""从业资格证书""奖惩情况""对该职位的理解""备注""填表日期：年月日"等单元格，合并后的效果如图1-23所示。

④ 选择"身份证号码"文本所在单元格右侧的5个单元格，在【表格工具 布局】/【合并】组中单击"拆分单元格"按钮▥，打开"拆分单元格"对话框，在"列数"数值框中输入"18"，单击████按钮，如图1-24所示，将其拆分为18个单元格。

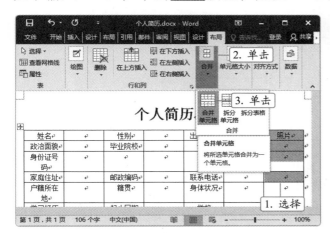

图1-21 合并单元格

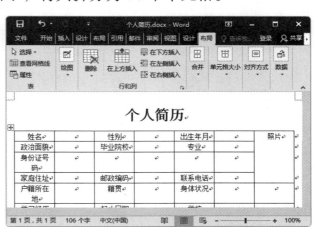

图1-22 合并单元格后的效果

图1-23 合并其他单元格

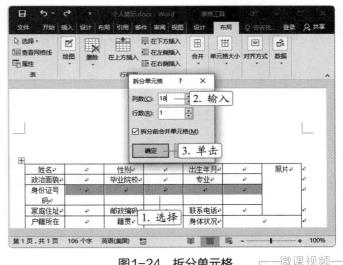

图1-24 拆分单元格

微课视频

设置文本的对齐方式

3. 设置文本的对齐方式

为了让制作的表格看起来更加协调，还需要设置表格中的文本内容的对齐方式。下面设置"个人简历.docx"文档中的文本对齐方式，具体操作如下。

① 选择"学习经历"单元格，在【表格工具 布局】/【对齐方式】组中单击"水平居中"按钮▤，使该文本水平垂直居中显示，如图1-25所示。按照相同方法将"工作经历"和"照片"单元格中的文本设置为水平垂直居中显示。

② 将文本插入点定位到"填表日期："文本后，按5次空格键，给需要填写的日期留一定的位置，并在"年"与"月"和"月"与"日"文本之间留出同样的间隙。

3 选择"填表日期： 年 月 日"文本，在【表格工具 布局】/【对齐方式】组中单击"中部右对齐"按钮，使表格文本右对齐显示。

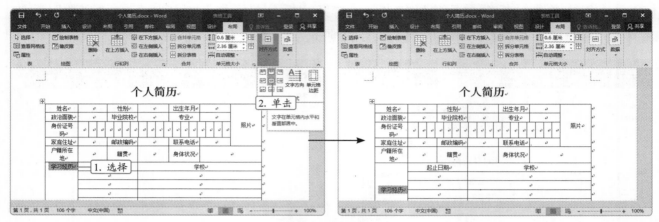

图1-25 设置对齐方式

4．设置行高与列宽

创建表格时，表格的行高与列宽都是系统默认的，因此，用户在创建完表格后，还需要根据文本内容适当调整表格的行高与列宽，使表格整齐划一。下面设置"个人简历.docx"文档中表格的行高和列宽，具体操作如下。

微课视频

设置行高与列宽

1 将鼠标指针移至"身份证号码"文本所在单元格的右侧垂直边框线上，当鼠标指针变成 +‖+ 形状时，按住鼠标左键并向右拖曳鼠标指针，直至文本在一行中显示完整为止，如图 1-26 所示。

图1-26 调整列宽

2 调整了该单元格的列宽后，可以明显看到其右侧的单元格变窄了，此时可选择填写身份证号码时需要用到的 18 个单元格，在【表格工具 布局】/【单元格大小】组中单击"分布列"按钮，使这 18 个单元格均匀分布，如图 1-27 所示。

3 使用同样的方法调整其他单元格的列宽。

4 由于所有的文本都是一行显示的，所以可以统一调整表格的行高。单击"全选"

按钮⊞，在【表格工具 布局】/【单元格大小】组中的"高度"数值框中输入"0.8 厘米"。

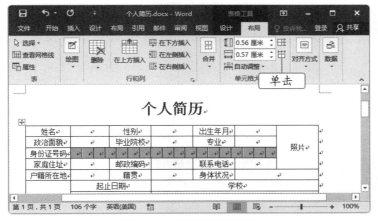

图1-27 均匀分布单元格

知识补充

插入行或列是指在原有的表格中插入新的行或列，适用于添加新的数据内容，其方法为：将文本插入点定位到相应单元格中，然后在【表格工具 布局】/【行和列】组中选择在当前单元格的上方、下方、左侧或右侧插入单元格。删除行或列则与插入行或列相反，是指删除原有表格中的某行或某列，适用于删除多余的数据内容，其方法为：选择需要删除的行或列，然后在【表格工具 布局】/【行和列】组中单击"删除"按钮。

5．设置边框

完成表格的创建和编辑后，还可以为其添加边框。下面设置"个人简历.docx"文档中表格的外边框，具体操作如下。

微课视频

设置边框

① 单击"全选"按钮⊞，在【表格工具 设计】/【边框】组中单击"边框样式"按钮下方的下拉按钮，在打开的下拉列表中选择"双实线，1/2pt"选项，如图 1-28 所示。

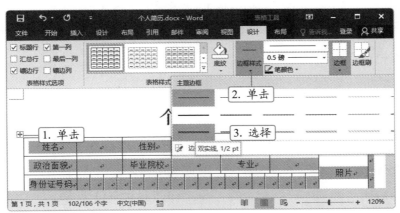

图1-28 设置边框的线条样式

❷ 保持表格处于选中状态，在"笔画粗细"下拉列表中选择"0.75 磅"选项，并在【表格工具 设计】/【边框】组中单击"边框"按钮⊞下方的下拉按钮▾，在打开的下拉列表中选择"外侧框线"选项，为表格的外侧边框设置双实线样式，如图 1-29 所示。

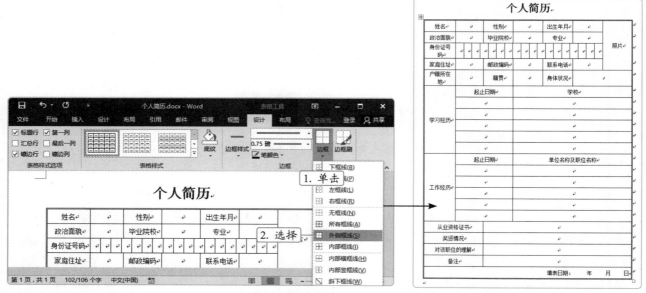

图1-29　添加双实线外侧框线样式

选择表格后，用户可直接在【表格工具 设计】/【表格样式】组中选择并套用 Word 2016 内置的表格样式，这些内置的表格样式包含字体样式、对齐方式、边框和底纹等的设置。

知识补充

任务三　打印"招标公告"文档

招标公告是招标单位或招标人在进行科学研究、技术攻关、工程建设、合作经营或商品交易时所公布的一系列标准和条件，并列出价格和要求等项目内容，以期从中选择承包单位或承包人的一种文书。

 任务目标

老洪让米拉将"招标公告"文档打印 3 份，然后将其送至领导办公室。在此次任务中，主要涉及的操作包括设置文档的页边距、页面方向和纸张大小，以及文档的打印范围和打印份数等。图 1-30 所示为"招标公告"文档的打印预览效果。

素材所在位置 素材文件\项目一\招标公告.docx
效果所在位置 效果文件\项目一\招标公告.docx

图1-30 "招标公告"文档的打印预览效果

将文档打印输出之前，需要调整文档的布局，主要通过设置页边距、纸张大小和纸张方向等操作来实现。

● **页边距**。页边距就是文档中的文本与页面边框之间的距离，页边距的设置方法有两种：一是在【布局】/【页面设置】组中单击"页边距"按钮，在打开的下拉列表中选择需要的页边距样式；二是在【布局】/【页面设置】组中单击"页边距"按钮，在打开的下拉列表中选择"自定义边距"选项，打开"页面设置"对话框，如图1-31所示，在"页边距"栏中的"上""下""左""右"数值框中设置对应的页边距数值，在"装订线"数值框中设置装订线的位置，在"装订线位置"下拉列表中设置装订线是在页面左侧还是在页面上方。

● **纸张方向**。Word 2016提供了横向（水平）和纵向（垂直）两种纸张方向，其设置方法也比较简单，在【布局】/【页面设置】组中单击"纸张方向"按钮，在打开的下拉列表中选择"横向"或"纵向"选项；或在【布局】/【页面设置】组中单击"对话框启动器"按钮，在打开的"页面设置"对话框的"纸张方向"栏中选择"横向"或"纵向"选项。

● **纸张大小**。Word文档的默认纸张大小是A4（21厘米×29.7厘米），用户也可根据文档内容或打印需求自行设置纸张大小。纸张大小的设置方法有两种：一是在【布局】/【页面设置】组中单击"纸张大小"按钮，在打开的下拉列表中选择需要的纸张大小；二是在【布局】/【页面设置】组中单击"纸张大小"按钮，在打开的下拉列表中选择"其他页面大小"选项，打开"页面设置"对话框，如图1-32所示，在其中可自定义纸张的高度和宽度。另外，用户还可在"页面设置"对话框的"预览"栏中的"应用于"下拉列表中指定纸张大小的应用范围。

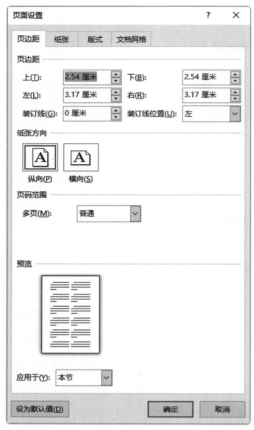

图1-31　自定义页边距

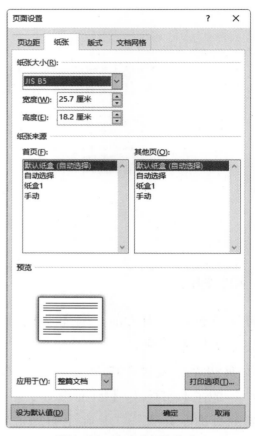

图1-32　自定义纸张大小

任务实施

1．设置打印页面

可将制作完成的文档打印输出到纸张上，以便存档和查阅。在打印输出文档时，需要先设置文档页面的相关参数，如页边距、纸张大小和纸张方向等。下面设置"招标公告.docx"文档的纸张方向、纸张大小和页边距，具体操作如下。

① 打开"招标公告.docx"文档，在【布局】/【页面设置】组中单击"纸张方向"按钮，在打开的下拉列表中选择"横向"选项，如图1-33所示。

② 在【布局】/【页面设置】组中单击"纸张大小"按钮，在打开的下拉列表中选择"16K（197×273毫米）"选项，如图1-34所示。

③ 在【布局】/【页面设置】组中单击右下角的"对话框启动器"按钮，打开"页面设置"对话框，在"页边距"栏中设置上、下页边距为2.5厘米，左、右页边距为

2 厘米，接着单击 [确定] 按钮，如图 1-35 所示。

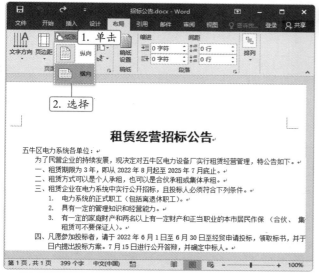

图1-33 设置纸张方向

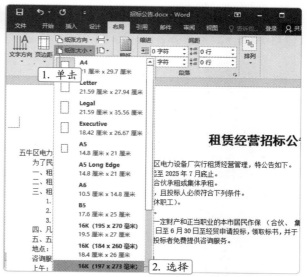

图1-34 设置纸张大小

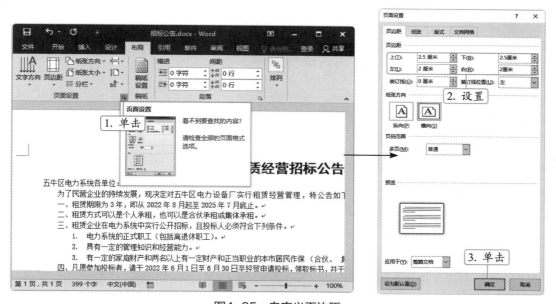

图1-35 自定义页边距

2. 预览并打印文档

在 Word 2016 中完成页面的设置操作后，就可以预览打印效果并设置打印份数了。下面预览并打印"招标公告.docx"文档，具体操作如下。

❶ 选择"文件"/"打印"命令，打开"打印"界面，在右侧可预览文档的打印效果。

微课视频

预览并打印
文档

❷ 在"份数"数值框中输入需要打印的份数"3"。

❸ 在"打印机"栏中选择相应的打印机选项，单击"打印"按钮🖶，即可完成文档的打印输出操作，如图1-36所示。

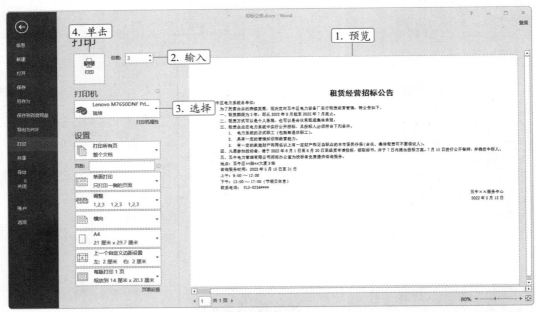

图1-36　预览并打印文档

默认情况下，Word将打印整个文档（即打印所有页），用户也可在"打印"界面的"设置"栏中的"打印所有页"下拉列表中选择其他选项，如打印所选内容、打印当前页面、仅打印奇数页、仅打印偶数页、自定义打印范围等。另外，页边距、纸张大小和纸张方向等也可以在该界面中设置。

知识补充

实训一　制作并编辑"自我介绍"文档

【实训要求】

在日常工作中经常需要通过自我介绍来展示自己。请使用Word制作"自我介绍"文档，在制作该文档时，可以先结合自身情况输入相关内容（或使用提供的文本素材），然后再设置段落格式，从而使文档内容条理清晰。本实训的参考效果如图1-37所示。

微课视频

制作并编辑"自我介绍"文档

素材所在位置　素材文件\项目一\自我介绍.txt
效果所在位置　效果文件\项目一\自我介绍.docx

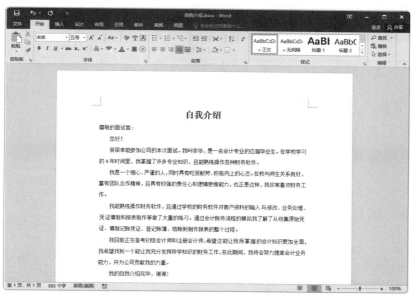

图1-37 "自我介绍"文档的参考效果

【实训思路】

完成本实训时，需要先结合自身实际情况来构思文本内容，然后再编辑输入的文本，如设置字体、字号、段落间距等。

【步骤提示】

❶ 启动 Word 2016，新建文档，将其命名为"自我介绍"并保存。

❷ 结合实际情况输入文本内容，或直接复制粘贴"自我介绍.txt"文本文档中的内容。将标题文本的字体格式设置为"宋体、小二、加粗、居中"，将正文文本的字体格式设置为"宋体、五号"。

❸ 将正文的"行距"设置为"1.5 倍行距"，并将"尊敬的面试官："文本下方的内容的"特殊格式"设置为"首行缩进"，将"缩进值"设置为"2 字符"。

实训二 制作并打印"工作周报"文档

【实训要求】

工作周报是职场中必不可少的一种文件，通过工作周报，领导可以清楚地知道职员在本周做了什么及下周的主要计划。请制作一份表格样式的"工作周报"文档模板，需要体现出本周及下周的工作计划、本周工作内容及费用报销情况等信息。表格制作完成后，将其打印输出 5 份，以便填写具体内容。本实训的参考效果如图 1-38 所示。

效果所在位置 效果文件\项目一\工作周报.docx

【实训思路】

应先在文档中插入表格，然后对表格进行合并单元格、设置文本方向、调整行高和列宽等操作，以使表格更加规范。

【步骤提示】

① 启动 Word 2016，新建文档，将其命名为"工作周报"并保存。

② 插入 6 列 33 行的表格，并输入相应的文本内容，然后合并需要合并的单元格。

③ 调整表格的行高、列宽，并为表格设置边框。

④ 将制作完成的表格打印输出 5 份。

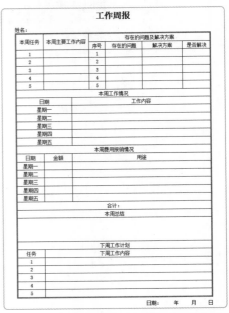

图1-38 "工作周报"文档的参考效果

 课后练习

练习1：制作并编辑"演讲稿"文档

下面制作"演讲稿"文档，然后对其进行编辑操作，如设置字体格式、添加项目符号和编号等。本练习的参考效果如图 1-39 所示。

 素材所在位置 素材文件\项目一\演讲稿.txt
效果所在位置 效果文件\项目一\演讲稿.docx

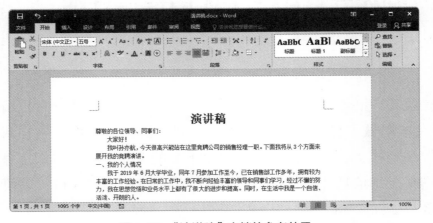

图1-39 "演讲稿"文档的参考效果

操作要求如下。

● 新建并保存"演讲稿.docx"文档，然后将"演讲稿.txt"文本文档中的内容复制粘贴至该文档中。

● 选择标题文本，将其字体格式设置为"宋体、二号、加粗"；选择正文文本，将其字体格式设置为"宋体、五号"，并设置"特殊格式"为"首行缩进"，"缩进值"为"2字符"。

● 取消"我的个人情况""我的任职优势""我的工作设想"文本的首行缩进设置，然后为其添加"一、二、三、"样式的编号；接着为"较强的沟通能力""较强的执行力""较强的抗压力"文本添加"1.2.3."样式的编号；最后为"我的工作设想"文本下方的相应内容添加项目符号。

练习2：制作并打印"产品简介表"文档

下面制作"产品简介表"文档，先在其中插入表格，然后对其进行编辑与美化操作，最后再将该文档打印输出2份。本练习的参考效果如图1-40所示。

 效果所在位置 效果文件\项目一\产品简介表 .docx

产品简介表				
美丽护肤系列				
货号	产品名称	第一批上市城市	净含量	包装规格
DC001	水润保湿洁面乳	北京、上海、深圳、成都、苏州、南京、重庆、广州、佛山、东莞、天津、沈阳、青岛	100g	72 支/件
DC002	控油洁面啫喱	北京、上海、深圳、成都、绵阳、南京、哈尔滨、广州、佛山、东莞、天津、南宁、青岛	100g	72 瓶/件
DC003	保湿喷雾	北京、石家庄、成都、昆明、贵阳、大连、广州、佛山、东莞、天津、沈阳、南昌	60g	72 瓶/件
DC004	柔白亮肤水	北京、石家庄、成都、昆明、贵阳、大连、南通、佛山、东莞、泉州、厦门、金华	100g	72 瓶/件
DC005	水润保湿乳	北京、石家庄、成都、昆明、贵阳、长春、兰州、烟台、东莞、泉州、常州、金华	100g	72 瓶/件

图1-40 "产品简介表"文档的参考效果

操作要求如下。

● 新建并保存"产品简介表.docx"文档，在其中插入5列7行的表格，并输入相应的文本内容。

● 设置标题文本的字体格式，调整行高和列宽，并为表格应用内置样式。

● 将制作好的文档打印输出2份。

 技能提升

1. 输入 10 以上的带圈数字

带圈数字即数字在圆圈内，一般用于排序和罗列项目，可通过"符号"对话框来插

入 1 ～ 10 的带圈数字。若要输入 10 以上的带圈数字，则可通过带圈字符功能来输入，其方法为：在【开始】/【字体】组中单击"带圈字符"按钮⑦，打开"带圈字符"对话框，在其中选择需要的样式、输入需要带圈的数字并选择圈号后，单击 确定 按钮。

2．清除文本或段落中的格式

在日常工作中，经常需要从网页或其他地方复制一些可能会用到的信息，而复制到 Word 文档中的文字可能会大小不一、字体不一、颜色不一等，此时就需要先清除这些文本或段落中的格式，然后进行相应的设置。清除文本或段落格式的方法为：选择已设置格式的文本或段落，在【开始】/【字体】组中单击"清除格式"按钮❖进行清除。

3．将文本转换为表格

为了使文档更具有对比性，经常需要将文本转换为表格，从而更直观地得到有用的信息。将文本转换为表格的方法为：选择需要转换为表格的文本，在【插入】/【表格】组中单击"表格"按钮▦，在打开的下拉列表中选择"文本转换成表格"选项，打开"将文字转换成表格"对话框，接着在其中进行相应的设置，最后单击 确定 按钮，将文本转换为表格。

4．将表格转换为文本

将表格转换为文本是指将表格中的文本内容以文本的形式显示，但该操作会使一些特殊的格式丢失。将表格转换为文本的方法为：选择表格，在【布局】/【数据】组中单击"转换为文本"按钮▧，打开"表格转换成文本"对话框，在其中的"文字分隔符"栏中选中"段落标记"单选项后再单击 确定 按钮，将表格转换为文本。

5．添加水印

为了保护版权和防止他人盗用文档，用户可以为文档添加水印。添加水印的方法为：在【设计】/【页面背景】组中单击"水印"按钮▨，在打开的下拉列表中选择一种内置水印；或在打开的下拉列表中选择"自定义水印"选项，打开"水印"对话框，在其中为文档设置图片水印或文字水印。

6．设置页面背景

在制作文档时，为了让文档看起来更加美观，用户还可以为其设置页面背景。设置页面背景的方法为：在【设计】/【页面背景】组中单击"页面设置"按钮▨，在打开的"主题颜色"面板中设置文档的纯色背景，或选择"填充效果"选项，打开"填充效果"对话框，在其中为文档设置"渐变""纹理""图案""图片"等背景。

项目二
美化和排版Word文档

情景导入

　　临近春节，公司准备推出春节团购活动，目前已准备好了"活动宣传单"的初稿，但还需要对该初稿进行美化和排版，因此公司将该任务交给了老洪和米拉，并让两人将制作好的"活动宣传单"发给营销团队用于开展促销活动。

老洪：米拉，"活动宣传单"的初稿你收到了吗？

米拉：收到了，但我之前用Word编辑的文档都以文字为主，这份"活动宣传单"文档需要进行图文混排，是不是应该用更专业的软件来编辑呢？

老洪：不用担心，图文混排同样可以使用Word来制作，只需在文档中添加图片、文本框、艺术字、形状和表格等元素，然后进行相应的美化和排版就行了。

米拉：那我试一试。

老洪：此外，Word除了可以进行图文混排外，对长文档排版和批量制作文档也很有帮助，你可以多加练习一下。

学习目标

◎ 掌握添加图片、艺术字和文本框的方法
◎ 掌握编辑形状和SmartArt图形的方法
◎ 掌握添加封面、目录和页眉页脚的方法
◎ 掌握批量制作文档的方法

技能目标

◎ 美化"活动宣传单"文档
◎ 编排"公司章程"文档
◎ 批量制作邀请函

任务一　美化"活动宣传单"文档

宣传单又称宣传单页，常用于宣传企业或商家的产品，以达到吸引消费者前来购买的目的。宣传单一般可分为两类：一类是义务宣传，如宣传节约用水用电、宣传保护环境等；另一类是推销产品、发布商业信息或寻人启事等。

 任务目标

米拉在了解了活动宣传单的主题并确定了活动宣传单的整体背景基调之后，便开始着手"活动宣传单"文档的美化工作。美化该文档时，可以先插入背景图片、艺术字、文本框、形状和表格等元素，再编辑插入的元素。"活动宣传单"文档的参考效果如图 2-1 所示。

素材所在位置 素材文件\项目二\活动宣传单.docx、背景.jpg、热水器.jpg
效果所在位置 效果文件\项目二\活动宣传单.docx

图2-1 "活动宣传单"文档的参考效果

 职业素养

在春节期间，全国各地均会举行各种各样的庆贺新春的活动。除此之外，各大企业、商场等也会在春节期间开展各种宣传活动，既庆祝了节日，又起到了推广作用。

一般来讲，活动宣传单的设计需要符合实际的情况，如在春节开展宣传活动，就要在宣传单上体现出属于春节的传统文化元素和喜庆的色彩搭配等，如红灯笼、中国结等。

相关知识

　　图片是制作图文混排类文档不可缺少的元素之一，它不仅可以丰富和美化文档，还可以直观地表达文档内容。在 Word 中，图片默认以嵌入的方式插入文档中，同时不能随意拖曳。若想灵活排版文档中的图片，就必须设置图片的环绕方式。插入图片后，在【图片工具 格式】/【排列】组中单击"环绕文字"按钮，打开的下拉列表中是 Word 2016 提供的 7 种图片环绕方式，分别是嵌入型、四周型、紧密型环绕、穿越型环绕、上下型环绕、衬于文字下方和浮于文字上方。

● **嵌入型**。这是Word默认的图片环绕方式，在这种环绕方式下，用户不能随意拖曳或调整图片的位置。

● **四周型**。在这种环绕方式下，用户可以在文档编辑区中随意拖曳图片，且文字将围绕在图片四周，如图2-2所示。

● **紧密型环绕**。紧密型环绕与四周型一样，用户可以随意拖曳图片，且文字将紧密地环绕在图片周围。

● **穿越型环绕**。穿越型环绕与紧密型环绕的效果区别不大，但如果图片不是规则的图形（有凹陷时），则会有部分文字显示在图片有凹陷的地方。

● **上下型环绕**。在这种环绕方式下，图片位于文字的中间，且单独占用数行的位置，同时用户可以上下、左右拖曳图片，如图2-3所示。

图2-2　四周型　　　　　　　　　　　　　图2-3　上下型环绕

● **衬于文字下方**。在这种环绕方式下，图片位于文字下方，可随意拖曳，且图片上会显示部分文字，如图2-4所示

● **浮于文字上方**。在这种环绕方式下，图片位于文字上方，可随意拖曳，且图片会遮挡住部分文字，如图2-5所示。

　　云帆电器灯饰有限责任公司是一家集产品设计、开发、装配于一体的大型专业灯具生产企业，占地面积 5600 平方米、建筑面积 3700 平方米。

　　经过多年的研制与创建，公司目前已拥有一大系统列、上千种品种及规格的灯具，主要包括：家装灯具、路灯灯具、投光灯具、商业灯具、庭院灯具、草坪灯具、隧道灯具、高杆灯具、防爆灯具、埋地灯具等。同时，公司积极吸取国外先进产品的特点与优点，不断研发出节能、环保、美观而又实用的新产品，采用CAD辅助设计，在设计上更加规范、准确、快速。公司拥有完善的质保体系、先进的检测手段，所有产品均通过3C质量体系认证。

　　公司本着"团结、务实、勤奋、创新"的精神，以一流的产品，一流的服务，贴近客户需求，竭尽全力为亮化和美化中国及家居环境做出更大的贡献！公司从1995年创建之初起，就一直自觉承担社会责任，致力促进行业发展，以创建幸福生活环境和提升客户居住品质为己任，以发展绿色照明为重点，企业

图2-4　衬于文字下方

图2-5　浮于文字上方

 任务实施

1. 插入并编辑图片

　　在文档中插入图片时，通常是插入保存在计算机中的图片，或将从网络上搜索到的符合需求的图片下载到计算机中再将其插入。下面将在"活动宣传单 .docx"文档中插入保存在计算机中的图片，具体操作如下。

❶ 打开"活动宣传单 .docx"文档，在【插入】/【插图】组中单击"图片"按钮，打开"插入图片"对话框，在地址栏中打开图片的保存位置，在其下方的列表框中同时选择"背景 .jpg"图片和"热水器 .jpg"图片，单击 插入(S) 按钮，如图 2-6 所示。

❷ 选择"背景 .jpg"图片，并在【图片工具 格式】/【排列】组中单击"环绕文字"按钮，在打开的下拉列表中选择"衬于文字下方"选项，如图 2-7 所示。

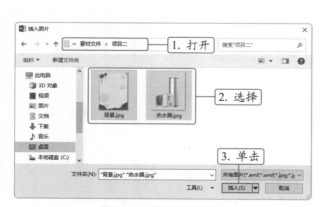

图2-6　选择插入图片

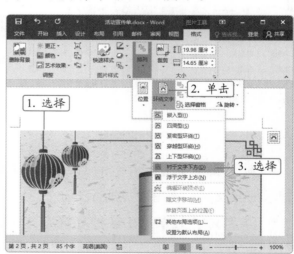

图2-7　设置图片环绕方式

❸ 将鼠标指针移至"背景 .jpg"图片上，当鼠标指针变成 形状时，按住鼠标左键，

并将图片拖曳至页面左上角，如图 2-8 所示，调整图片的大小，使其铺满整个页面。

④ 选择"热水器 .jpg"图片，在【图片工具 格式】/【图片样式】组中单击"快速样式"按钮，在打开的下拉列表中选择"矩形投影"选项，如图 2-9 所示。

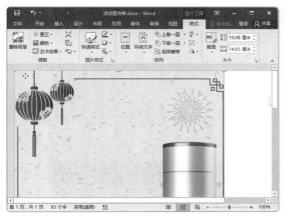

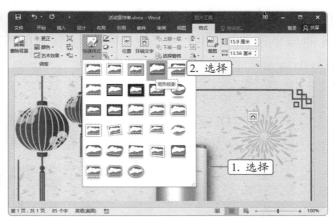

图2-8 拖曳图片　　　　　　　　　　　　　图2-9 设置图片样式

⑤ 保持"热水器 .jpg"图片处于选中状态，在【图片工具 格式】/【大小】组中设置"高度"为"15"厘米，再设置该图片的环绕方式为"浮于文字上方"，如图 2-10 所示，并将其移动到页面的右侧。

⑥ 选择"背景 .jpg"图片，在【图片工具 格式】/【排列】组中单击"环绕文字"按钮，在打开的下拉列表中选择"随文字移动"选项，取消系统默认的图片随文字移动设置，如图 2-11 所示。

⑦ 使用同样的方法取消"热水器 .jpg"图片的随文字移动设置。

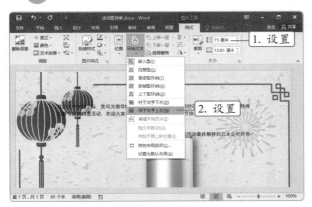

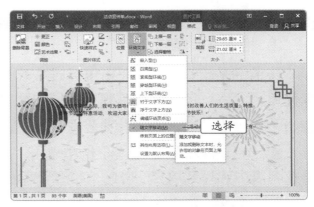

图2-10 设置图片环绕方式　　　　　　　　图2-11 取消图片随文字移动设置

知识补充

在文档中插入图片或形状时，"环绕文字"下拉列表中的"随文字移动"选项会自动激活，表示用户在移动文字时，插入对象也会随文字移动，从而使得文字与插入对象的相对位置保持不变。

⑧ 将文本插入点定位至"值此佳节来临之际"文本前，按多次【Enter】键使其与"热水器.jpg"图片水平对齐，再分行显示该段落。

⑨ 选择宣传文本，将其字体、段落格式设置为"方正兰亭黑_GBK、小二、3.0倍行距"，在【开始】/【字体】组中单击"字体颜色"按钮 ▲▾，在打开的颜色面板中选择"其他颜色"选项，打开"颜色"对话框，单击"自定义"选项卡，在"颜色模式"下拉列表中选择"RGB"选项，在"红色""绿色""蓝色"数值框中分别输入"184""41""12"，单击 确定 按钮，如图2-12所示。

⑩ 单击"字体颜色"按钮 ▲▾，在打开的颜色面板中选择"渐变"选项，在打开的列表中选择"变体"栏中的"从右上角"选项，如图2-13所示。

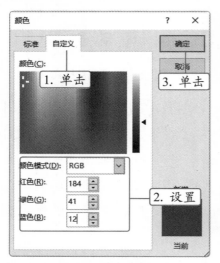

图2-12 自定义字体颜色

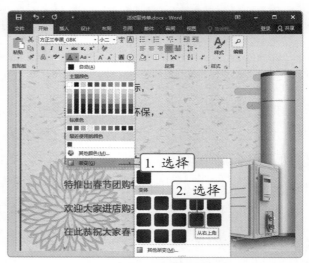

图2-13 设置渐变字体

2. 插入并编辑艺术字

艺术字是指在 Word 文档中经过特殊处理的文字。在 Word 文档中合理使用艺术字，可使文档呈现出不同的效果。下面在"活动宣传单.docx"文档中插入艺术字，然后设置艺术字效果，具体操作如下。

微课视频

输入并编辑
艺术字

① 在【插入】/【文本】组中单击"插入艺术字"按钮 A，在打开的下拉列表中选择"填充-白色，轮廓-着色1，阴影"选项，如图2-14所示。

② 选择插入的文本框，删除其中的文本，并输入"春节不打烊"，将其字体格式设置为"方正琥珀简体、80、加粗"，如图2-15所示。

③ 选择"春节不打烊"文本，在【绘图工具 格式】/【艺术字样式】组中单击"文本填充"按钮 A，在打开的颜色面板中选择"橙色，个性色2，淡色60%"选项，如图2-16所示。

④ 选择文本框，在【绘图工具 格式】/【艺术字样式】组中单击"文字效果"按钮 A，在打开的下拉列表中选择"转换"选项，在打开的子列表中选择"上弯弧"选项，

再适当调整艺术字的位置，效果如图2-17所示。

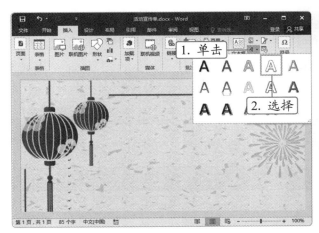

图2-14 选择艺术字样式

图2-15 输入并设置文本

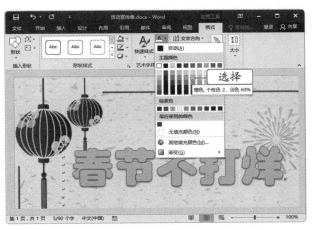

图2-16 设置艺术字颜色

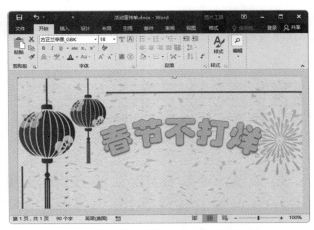

图2-17 设置完成的艺术字效果

知识补充

如果文档中已经存在要创建的艺术字文本，则可以直接选择相应文本，然后在【插入】/【文本】组中单击"艺术字"按钮，在打开的下拉列表中选择需要的艺术字样式，将现有的文本转换为艺术字。

3. 插入并编辑文本框

使用文本框可在页面的任何位置输入需要的文本或插入表格，且其他插入的对象不会影响到文本框中的内容。下面在"活动宣传单.docx"文档中插入横排文本框，并调整其大小和位置，具体操作如下。

微课视频

输入并编辑
文本框

❶ 在【插入】/【文本】组中单击"文本框"按钮，在打开的下拉列表中选择"绘制文本框"选项，将鼠标指针移至文档编辑区中，当鼠标指针将变成+形状时，按住鼠标左键并向右下方拖曳鼠标，至合适位置处释放鼠标左键，即可绘制一个横

排文本框，如图2-18所示。

　　❷　将文本插入点定位至绘制的文本框中，在其中输入"空气能热水器春节特惠"和"直降2000元，先到先得"，并将"空气能热水器春节特惠"文本的字体格式设置为"方正兰亭黑_GBK、20、居中"，将"直降2000元，先到先得"文本的字体格式设置为"黑体、小二、红色、居中"。

　　❸　将鼠标指针移至文本框的任意边框上，当鼠标指针变成┿形状时，按住鼠标左键拖曳鼠标，调整文本框的大小，使文本框中的文字完全显示出来，如图2-19所示。

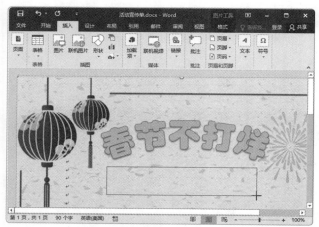

图2-18　绘制横排文本框

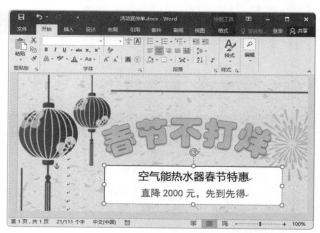

图2-19　调整文本框的大小

　　❹　此时文本较为紧凑，因此还需要调整文本的宽度。选择"空气能热水器春节特惠"文本，在【开始】/【段落】组中单击"中文版式"按钮，在打开的下拉列表中选择"调整宽度"选项，打开"调整宽度"对话框，在"新文字宽度"数值框中输入"14字符"，单击　确定　按钮，如图2-20所示。

　　❺　选择文本框，在【绘图工具 格式】/【形状样式】组中单击"形状填充"按钮，在打开的下拉列表中选择"无填充颜色"选项，并在该组中单击"形状轮廓"按钮，在打开的下拉列表中选择"无轮廓"选项，效果如图2-21所示。

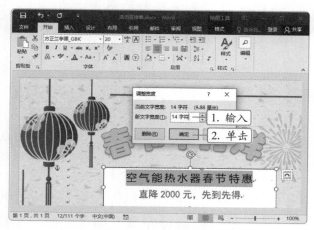

图2-20　调整文本宽度

图2-21　文本框形状样式的设置效果

4.插入并编辑形状

形状是指线条、正方形、椭圆、箭头等。在文档中可以绘制形状或为图片等添加形状标注。下面在"活动宣传单.docx"文档中插入形状，然后设置形状效果，具体操作如下。

① 在【插入】/【插图】组中单击"形状"按钮，在打开的下拉列表中选择"星与旗帜"栏中的"爆炸型2"选项，如图2-22所示。

② 当鼠标指针变成+形状时，在"热水器.jpg"图片上方按住鼠标左键，拖曳鼠标至合适位置后释放鼠标左键，绘制出所需形状，效果如图2-23所示。

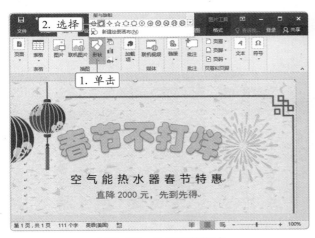

图2-22　选择形状样式

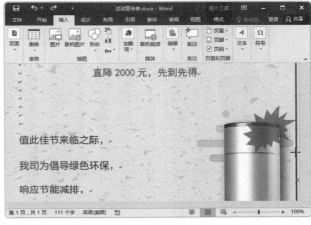

图2-23　绘制形状

③ 选择形状，将其"形状填充"和"形状轮廓"均设置为"红色"。

④ 在形状上方绘制一个无填充颜色且无轮廓的文本框，在其中输入"热销款"，并将其字体格式设置为"方正兰亭黑_GBK、一号、白色"，效果如图2-24所示。

⑤ 在按住【Ctrl】键的同时选择形状和文本框，单击鼠标右键，在弹出的快捷菜单中选择"组合"/"组合"命令，如图2-25所示。

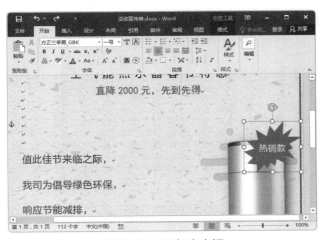

图2-24　添加文本框

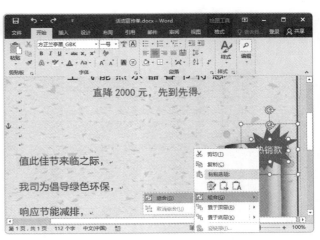

图2-25　组合对象

5. 插入并编辑 SmartArt 图形

微课视频

插入并编辑
SmartArt 图形

　　SmartArt 图形能够以直观的方式传递信息，并清晰地表现出各种关系结构，常用于制作公司组织结构图、工作流程图等。Word 提供了多种类型的 SmartArt 图形，用户可根据需要选择并进行相应的编辑。下面在"活动宣传单 .docx"文档中插入 SmartArt 图形，并对其进行编辑，具体操作如下。

　　❶ 在【插入】/【插图】组中单击"插入 SmartArt 图形"按钮 ，在打开的"选择 SmartArt 图形"对话框的左侧单击"流程"选项卡，在中间的列表框中选择"基本日程表"选项，单击 确定 按钮，如图 2-26 所示。

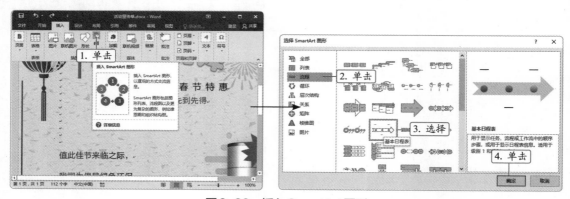

图2-26　插入 SmartArt 图形

　　❷ 选择 SmartArt 图形，调整其大小和位置后，设置其环绕方式为"浮于文字上方"，将其移至"直降 2000 元　先到先得"文本的下方，并分别输入"5999 元""4999 元""3999 元"，如图 2-27 所示。

　　❸ 选择 SmartArt 图形，在【SmartArt 工具 设计】/【SmartArt 样式】组中单击"更改颜色"按钮 ，在打开的下拉列表中的"个性色 2"栏中选择"渐变范围 - 个性色 2"选项，如图 2-28 所示。

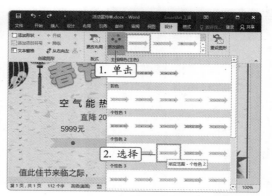

图2-27　输入文本　　　　　　　　图2-28　设置 SmartArt 图形的颜色

　　❹ 保持 SmartArt 图形处于选中状态，在【SmartArt 工具 设计】/【SmartArt 样式】组中单击"其他"按钮 ，在打开的下拉列表的"三维"栏中选择"嵌入"选项，如

图 2-29 所示。

图 2-29 设置 SmartArt 图形的样式

6. 插入并编辑表格

插入并编辑表格

如果需要在文档中输入数据内容，可以使用表格来归纳展示，使其更加直观。下面在"活动宣传单 .docx"文档中插入表格，并对其进行编辑，具体操作如下。

1 将文本插入点定位至"在此恭祝大家春节快乐！"文本下方，插入一个 5 列 3 行的表格。

2 在表格中输入优惠内容，合并"备注"下方的两个单元格，并将"4999""3999""5999""1000"等文本的字体格式设置为"等线（中文正文）、四号、红色、居中"，其他文本的字体格式设置为"等线（中文正文）、四号、蓝色、居中"。

3 选择表格，在【表格工具 设计】/【边框】组中取消表格的左边框、右边框和内部竖框线，效果如图 2-30 所示。

4 选择"本次活动最终解释权归本公司所有"文本，在【插入】/【文本】组中单击"文本框"按钮，在打开的下拉列表中选择"绘制文本框"选项，将其转换为文本框，设置其环绕方式为"浮于文字上方"，并取消随文字移动设置。设置文本框的"形状轮廓"为"无轮廓"，字体格式为"等线、四号、蓝色"，效果如图 2-31 所示。

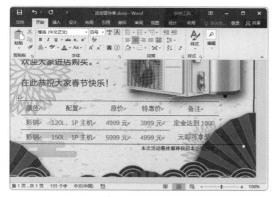

图 2-30 取消表格部分框线后的效果

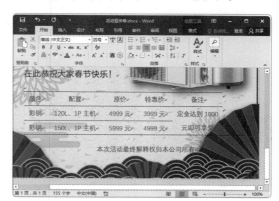

图 2-31 设置文本框后的效果

任务二　编排"公司章程"文档

公司章程是公司依法制订重大事项的基本文件，其中包括公司名称、公司地址、公司经营范围、公司注册资本、公司产品说明及公司经营管理制度等内容，也是规定公司活动的书面文件。公司章程具有法定性、真实性、自治性和公开性等特点，它既是公司成立的基础，又是公司赖以生存的根本。

任务目标

在米拉熟悉了 Word 2016 的基本操作后，老洪便安排米拉编排"公司章程"文档。在编排该文档时，涉及的操作主要包括插入封面、应用主题与样式，以及插入目录和分节符等。"公司章程"文档的参考效果如图 2-32 所示。

　素材所在位置　素材文件\项目二\公司章程.docx
　　　　　　　　效果所在位置　效果文件\项目二\公司章程.docx

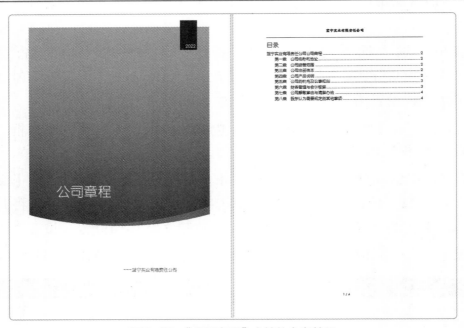

图2-32　"公司章程"文档的参考效果

相关知识

1. 主题与样式

对长文档而言，依次设置文档的格式或版式将非常耗时，此时可以通过 Word 提供的样式和主题来快速编排文档，使文档更加规范和专业。

● **主题**。主题是一种按照某种风格预先设计好字体、颜色、间距、背景和段落等各种样式的组合。当用户需要使文档中的颜色、字体、格式和整体效果保持某一主题的统一时，就可将该主题应用于整个文档。

● **样式**。样式即文本字体格式和段落格式的组合，其中包括文档标题、正文等各个文本元素的格式。在编排文档时应用样式，不仅可以使文档的格式统一，提高工作效率，还可以生成目录，进而高效、快捷地制作出高质量文档。

2．分隔符类型

分隔符主要用于分隔文档页面，以便为不同的页面设置不同的格式或版式。用户在编辑文档时，如果要另起一页，可在【布局】/【页面设置】组中单击"分隔符"按钮，在打开的下拉列表中选择"分页符""分栏符""自动换行符""分节符"选项，如图2-33所示。

● **分页符**。在Word中，当文字或图形等内容填满一页时，系统将自动分页，从而开始新的一页；如果用户希望在文档某个特定的位置分页，就需要插入"分页符"，使文档内容从插入分页符的位置开始强制分页。

● **分栏符**。对文档中的段落执行分栏操作后，Word将根据文档内容在适当的位置自动分栏；如果用户希望某个内容在下一栏中显示，就需要插入"分栏符"，使文档内容从插入分栏符的位置开始强制分栏。

● **自动换行符**。当输入的文本到达文档页面右边距时，Word将自动换行；如果用户需要在文档某个地方强制换行，如分隔题注文字与正文等，就需要插入"换行符"。

● **分节符**。在Word中，分节符分为下一页（在下一页开始下一节）、连续（在当前页开始下一节）、偶数页（在新的偶数页里开始下一节）和奇数页（在新的奇数页里开始下一节）4种，用户可根据情况插入合适的分节符。

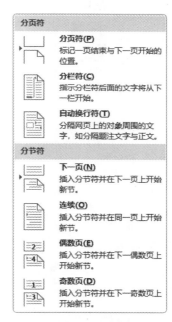

图2-33 分隔符

任务实施

1．插入封面

在编排长文档时，有时需要添加封面，此时就可通过 Word 提供的封

微课视频

插入封面

面库来快速插入精美的封面。下面在"公司章程.docx"文档中插入"离子（深色）"封面，并编辑其中的内容，具体操作如下。

❶ 打开"公司章程.docx"文档，在【插入】/【页面】组中单击"封面"按钮 ，在打开的下拉列表中选择"离子（深色）"选项，如图2-34所示。

❷ 在"年份"模块中输入"2022"；在"标题"模块中输入"公司章程"；在"作者"模块中输入"——蓝宁实业有限责任公司"，并设置其对齐方式为"右对齐"；删除"副标题""公司""地址"模块，如图2-35所示。

图2-34　插入封面

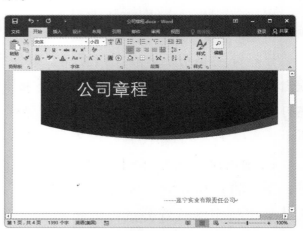

图2-35　输入封面内容

知识补充

如果对内置的封面样式不满意，用户可直接在文档首页插入空白页，然后根据需要自行设计封面。设计完成后，选择封面中的所有对象，在"封面"下拉列表中选择"将所选内容保存到封面库"选项，将制作好的封面保存到"封面"下拉列表中，以便后期调用。

另外，若对插入的封面效果不满意，可在"封面"下拉列表中选择"删除当前封面"选项，删除当前插入的封面。

2. 应用主题与样式

微课视频

应用主题与样式

Word提供了丰富的主题库与样式库，用户可通过它们来统一文档的样式。下面为"公司章程.docx"文档应用"切片"主题，修改文档中的"标题"样式，并新建"二级标题"样式，具体操作如下。

❶ 在【设计】/【文档格式】组中单击"主题"按钮 ，在打开的下拉列表中选择"切片"选项，如图2-36所示。

❷ 选择"蓝宁实业有限责任公司公司章程"文本，在【开始】/【样式】组中单击"样式"按钮 ，在打开的下拉列表中选择"标题"选项，如图2-37所示。

图2-36 应用主题

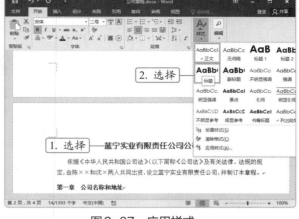

图2-37 应用样式

 知识补充 在【设计】/【文档格式】组中单击"颜色"按钮■、"字体"按钮文和"效果"按钮◉，在打开的下拉列表中选择相应的选项后，便可分别更改当前主题的颜色、字体和效果。

❸ 在"标题"样式上单击鼠标右键，在弹出的快捷菜单中选择"修改"命令，打开"修改样式"对话框，在"格式"栏中设置"字体"为"方正黑体简体"，设置"字号"为"二号"，单击 格式(O)▾ 按钮，在打开的下拉列表中选择"段落"选项，如图2-38所示。

图2-38 修改字体格式

❹ 在打开的"段落"对话框中单击"缩进和间距"选项卡，在"间距"栏中的"段前""段后"数值框中均输入"12磅"，并在"行距"下拉列表中选择"2倍行距"选项，单击 确定 按钮，如图2-39所示。

❺ 返回"修改样式"对话框，在其中勾选"自动更新"复选框，单击 确定 按钮，返回文档，即可看到应用修改样式后的标题文本已发生了改变，效果如图2-40所示。

图2-39　修改段落间距

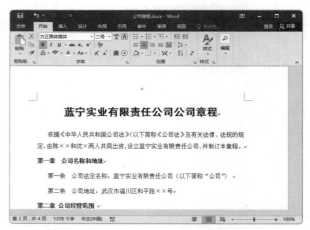

图2-40　修改样式后的效果

⑥　将文本插入点定位至"第一章 公司名称和地址"文本中，在【开始】/【样式】组中单击"样式"按钮 ，在打开的下拉列表中选择"创建样式"选项，打开"根据格式设置创建新样式"对话框，在"名称"文本框中输入"二级标题"，单击 修改(M)... 按钮，如图 2-41 所示。

⑦　打开"根据格式设置创建新样式"对话框，在"格式"栏中设置"字体"为"方正兰亭纤黑简体"，设置"字号"为"小三"，设置"对齐方式"为"居中"，其他选项保持默认设置，单击 格式(O)▼ 按钮，在打开的下拉列表中选择"段落"选项，如图 2-42 所示。

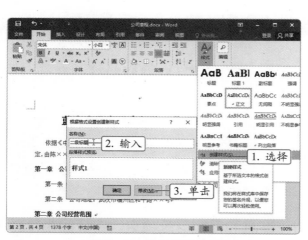

图2-41　设置新样式名称

图2-42　自定义二级标题字体格式

⑧　在打开的"段落"对话框中单击"缩进和间距"选项卡，在"常规"栏中的"大纲级别"下拉列表中选择"2级"选项，在"缩进"栏中的"特殊格式"下拉列表中选择"无"选项，在"间距"栏中设置"段前""段后"为"0行"，设置"行距"为"1.5倍

行距"，单击 [确定] 按钮，如图 2-43 所示。

⑨ 返回"根据格式设置创建新样式"对话框，单击 [格式(O)▼] 按钮，在打开的下拉列表中选择"快捷键"选项，打开"自定义键盘"对话框，将文本插入点定位到"请按新快捷键"文本框中，按【Ctrl+2】组合键，单击 [指定(A)] 按钮，为该样式指定快捷键，如图 2-44 所示。

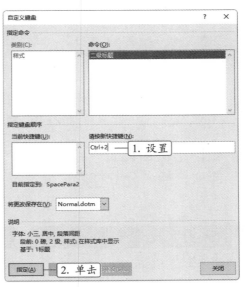

图2-43 设置段落格式　　　　图2-44 设置快捷键

⑩ 单击 [关闭] 按钮，返回"根据格式设置创建新样式"对话框，单击 [确定] 按钮，返回文档，返回文档，为其中的所有章标题应用"二级标题"的标题样式。

若要删除样式库中的样式，可在要删除的样式上单击鼠标右键，在弹出的快捷菜单中选择"从样式库中删除"命令。

知识补充

3. 插入目录和分节符

目录是一种常见的文档索引方式，一般包含标题和页码两个部分。通过目录，用户可快速知晓当前文档的主要内容，以及需要查询内容的页码位置。在 Word 2016 中，用户无须手动输入内容和页码，只需要对相应内容设置标题样式，然后提取内容和页码即可。下面在"公司章程.docx"文档中插入目录和分节符，具体操作如下。

① 将文本插入点定位到"蓝宁实业有限责任公司公司章程"文本前，在【引用】/【目录】组中单击"目录"按钮 📄，在打开的下拉列表中选择"自动目录1"选项，系统将在文本插入点的位置处自动提取文中应用了样式的标题，如图 2-45 所示。

微课视频

插入目录和
分节符

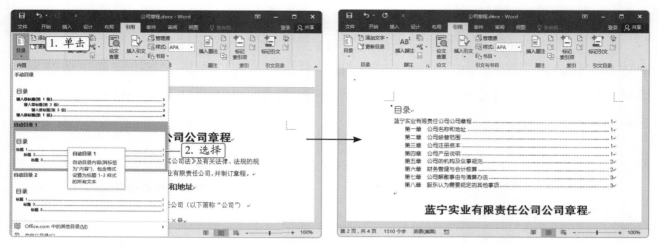

图2-45　插入目录

❷ 在【布局】/【页面设置】组中单击"分隔符"按钮，在打开的下拉列表中选择"下一页"选项，插入分节符后，分节符后面的内容将在下一页中显示，如图2-46所示。

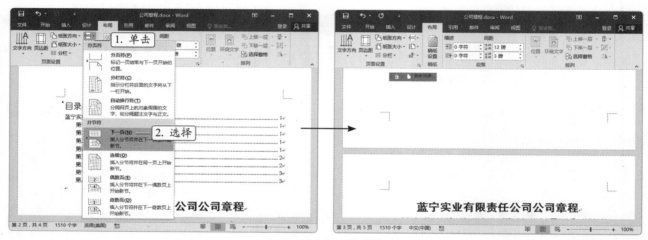

图2-46　插入分节符

4.插入页眉和页脚

页眉和页脚主要用于显示公司名称、文档名称、公司 Logo、日期和页码等附加信息。在 Word 2016 中，用户可直接插入内置的页眉和页脚样式，也可根据需要自行添加页眉和页脚内容。下面在"公司章程.docx"文档中插入页眉和页脚，具体操作如下。

微课视频
插入页眉和页脚

❶ 在【插入】/【页眉和页脚】组中单击"页眉"按钮，在打开的下拉列表中选择"空白"选项，如图 2-47 所示。

❷ 将文本插入点定位到文档第 3 页的页眉处，在【页眉和页脚工具 设计】/【选项】组中取消勾选"首页不同"复选框，勾选"奇偶页不同"复选框，如图 2-48 所示。

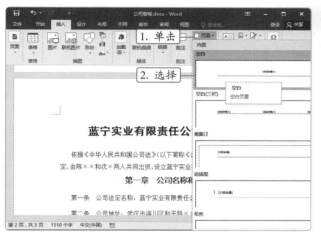

图2-47 选择页眉样式

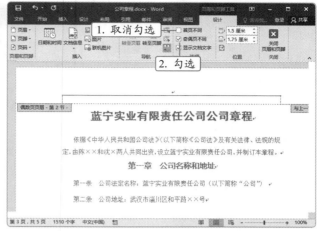

图2-48 设置页眉选项

3 在【页眉和页脚工具 设计】/【导航】组中单击"链接到前一条页眉"按钮，断开与前一条页眉的链接，在其中输入"公司章程"，并将其字体格式设置为"仿宋、10、居中、加粗"，如图2-49所示。

4 在【页眉和页脚工具 设计】/【导航】组中单击"转至页脚"按钮，文本插入点将定位至该页面的页脚处，单击"链接到前一条页眉"按钮，断开与前一条页脚的链接。

5 在【页眉和页脚工具 设计】/【页眉和页脚】组中单击"页脚"按钮，在打开的下拉列表中选择"信号灯"选项，如图2-50所示。

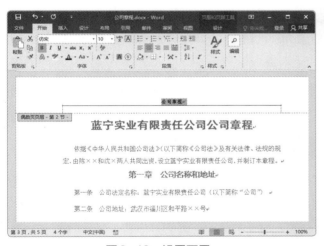

图2-49 设置页眉

图2-50 选择页脚样式

6 选择插入的页脚，单击鼠标右键，在弹出的快捷菜单中选择"设置页码格式"命令，打开"页码格式"对话框，在"页码编号"栏中选中"续前节"单选项，单击 确定 按钮，如图2-51所示。

7 将文本插入点定位到文档第4页的页眉处，断开与前一条页眉的链接，在页眉处输入"蓝宁实业有限责任公司"，并将其设置为与偶数页页眉一样的字体格式。

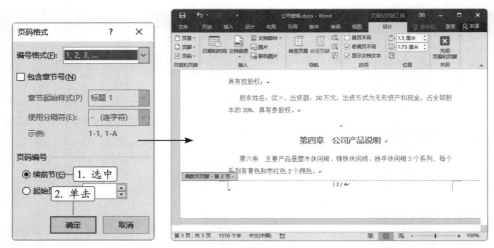

图2-51　设置页码格式

⑧ 跳转至该页的页脚处，断开与前一节页脚的链接，插入与偶数页相同的页脚。

⑨ 在【页眉和页脚工具 设计】/【关闭】组中单击"关闭页眉和页脚"按钮 ✕ ，退出页眉页脚编辑状态。

5．更新目录

目录中标题对应的页码是未添加页眉与页脚前的页码，因此，添加页眉与页脚后，还需要对目录中的页码进行更新。下面更新"公司章程.docx"文档中的目录，具体操作如下。

微课视频

更新目录

① 选择目录页中的内容，在【引用】/【目录】组中单击"更新目录"按钮 ，打开"更新目录"对话框，选中"更新整个目录"单选项，单击 确定 按钮，如图2-52所示。

② 返回文档后，可以发现目录页的页码已经根据插入的页码更新完毕，效果如图2-53所示。

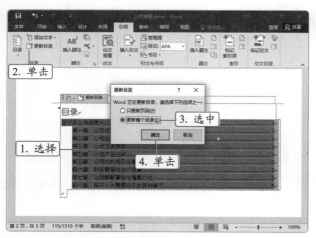

图2-52　更新目录

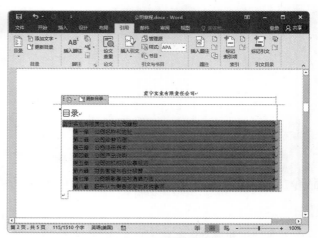

图2-53　查看目录更新效果

任务三 批量制作邀请函

邀请函是邀请亲朋好友或知名人士等前来参加某项活动时所发出的书信，被广泛应用于日常的各种社交活动之中。这类文档，不仅语言要简洁明了，还应写明举办活动的具体日期和地点，以及被邀请者的姓名。

 任务目标

近期公司将举办分公司的开业庆典活动，为了增进公司与客户之间的友谊，促进业务发展，公司将邀请客户前来参加庆典活动，所以需要制作多份"邀请函"文档。但老洪忙着筹备其他事项，于是将此重任交到了米拉手上。米拉接到任务后，便开始收集资料，查找批量制作邀请函的方法。"邀请函"文档的参考效果如图2-54所示。

素材所在位置 素材文件\项目二\邀请函背景.jpg、邀请函.docx、客户数据表.xlsx
效果所在位置 效果文件\项目二\邀请函.docx

图2-54 "邀请函"文档的参考效果

相关知识

在制作邀请函之前，需要先建立两个文档，其中一个是包含所有共有内容的 Word 主文档（如未填写的信封），另一个是包含变化信息的 Excel 表格数据源（如要填写的收件人、发件人、邮政编码等）。两个文档制作完成后，就可以在主文档中插入变化的信息，并将合成后的文件保存为 Word 文档，然后将其打印或以邮件的形式发出去。另外。使用邮件合并功能可批量制作信封、信件、邀请函和工资条等。

任务实施

1. 制作邀请函模板

为了方便后续操作，在制作邀请函时，需要先输入每个邀请函都包含的文本，再设置其字体格式，将其制作为模板。下面制作"邀请函 .docx"文档的模板，具体操作如下。

1 打开"邀请函 .docx"文档，插入"邀请函背景 .jpg"图片，将其环绕方式设置为"衬于文字下方"，取消随文字移动设置，将图片调整为与页面等大的大小。

2 将文本移至页面的适当位置处，在上方插入"填充 - 白色，轮廓 - 着色 1，发光 - 着色 1"样式的"邀请函"艺术字，并将其字体格式设置为"宋体、90、加粗"，再设置艺术字的"文本填充"和"文本轮廓"均为"蓝色，个性色 5，深色 25%"，效果如图 2-55 所示。

3 选择下方的正文文本，将其字体格式设置为"思源宋体 CN、四号、加粗"，效果如图 2-56 所示。

图2-55　设置艺术字

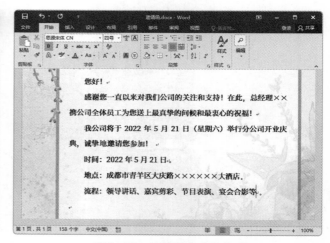

图2-56　设置正文字体格式

2. 批量制作邀请函

前面制作的邀请函模板中的称谓只包含了"尊敬的"3 个字，并没有添加姓名，若要根据制作的模板批量创建邀请函，还需要利用邮件合并功能创建数据源，并将数据源导入称谓处，具体操作如下。

1 在【邮件】/【开始邮件合并】组中单击"选择收件人"按钮，在打开的下拉列表中选择"使用现有列表"选项，打开"选取数据源"对话框，在地址栏中选择文件的保存位置，在下方的列表框中选择"客户数据表.xlsx"文件，单击 打开(O) 按钮，如图2-57所示。

若在"选择收件人"下拉列表中选择"键入新列表"选项，则可打开"新建地址列表"对话框，在其中输入收件人信息并添加或删除条目后，单击 确定 按钮，在打开的"保存通讯录"对话框中设置文件保存位置和名称，接着单击 保存(S) 按钮，即可将新建的收件人信息保存到"我的数据源"文件夹中。

知识补充

图2-57 选取数据源

2 打开"选择表格"对话框，选择"Sheet1"表格，其余选项保持默认设置，单击 确定 按钮，如图2-58所示。

3 可以看到"邮件"选项卡中的部分选项已被激活，这表示已将数据源与主文档关联在一起。

Word支持的数据源文件有很多，如Accesss数据库、Excel工作簿、文本文档、网页、Word文档、Microsoft Office通讯录等。另外，在"选取数据源"对话框中选择不同的文件后，打开的执行操作对话框也会有所不同。

知识补充

4 将文本插入点定位至"尊敬的"文本后，在【邮件】/【编写和插入域】组中单击"插入合并域"按钮右侧的下拉按钮，在打开的下拉列表中选择"姓名"选项，如图2-59所示，接着使用同样的方法在"姓名"合并域的后面插入"称谓"合并域。

5 在【邮件】/【预览结果】组中单击"预览结果"按钮，查看合并域后的效果，如图2-60所示。

6 确认无误后，在【邮件】/【完成】组中单击"完成并合并"按钮，在打开的下拉列表中选择"编辑单个文档"选项，如图2-61所示。

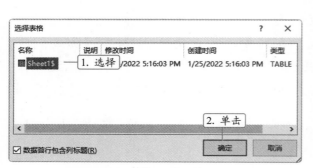

图2-58　选择数据源中的表格

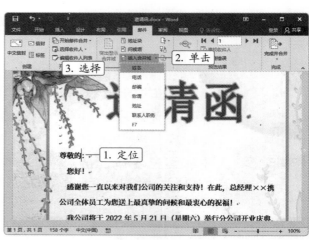

图2-59　插入合并域

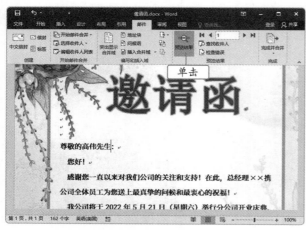

图2-60　查看合并效果

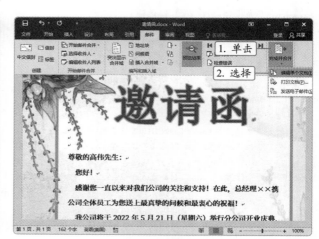

图2-61　选择"编辑单个文档"选项

7 在打开的"合并到新文档"对话框中选中"全部"单选项，单击 ▣ 按钮，系统将新建一个文档，并显示每条合并记录，且每条记录单独显示在一个页面上，如图2-62所示。

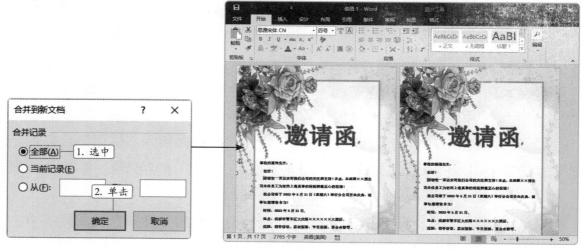

图2-62　合并邮件

⑧ 将合并后的文档命名为"邀请函"，并将其保存在计算机中。

实训一　编排"员工考勤管理制度"文档

【实训要求】

微课视频

编排"员工考勤
管理制度"文档

"员工考勤管理制度"是比较常见的办公文档，它是为规范企业的考勤制度而订立的管理方案。本实训提供的"员工考勤管理制度"文档已编辑好内容，需要为其插入封面和目录、设置页眉页脚，以及为文档应用内置样式等，使其成为样式统一、格式规范的长文档。本实训的参考效果如图2-63所示。

素材所在位置　素材文件\项目二\员工考勤管理制度.docx
效果所在位置　效果文件\项目二\员工考勤管理制度.docx

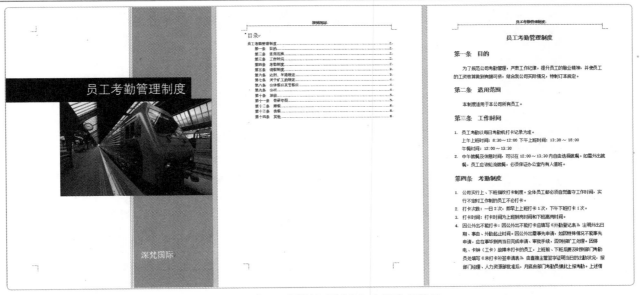

图2-63　"员工考勤管理制度"文档参考效果

【实训思路】

完成本实训时，首先需要为文档插入封面，然后再为文本应用样式，并插入目录，最后再设置页眉页脚并更新目录。

【步骤提示】

① 打开"员工考勤管理制度.docx"文档，插入"运动型"封面，删除"年份""作者""日期"模块，输入标题"员工考勤管理制度"和公司"深梵国际"。

② 为"员工考勤管理制度"文本应用"标题"样式，为正文中的小标题应用"标题2"样式，插入目录。

③ 将奇数页的页眉设置为"深梵国际"，将偶数页的页眉设置为"员工考勤管理制度"，添加"边线型"页脚，更新目录。

实训二　批量制作工作证

【实训要求】

工作证是证明员工在公司工作的一种凭证，既便于规范地管理员工，也便于维护公司形象。本实训将练习批量制作工作证，主要涉及的操作是插入合并域。本实训的参考效果如图2-64所示。

素材所在位置　素材文件\项目二\员工信息表.xlsx、工作证背景.jpg
效果所在位置　效果文件\项目二\工作证.docx

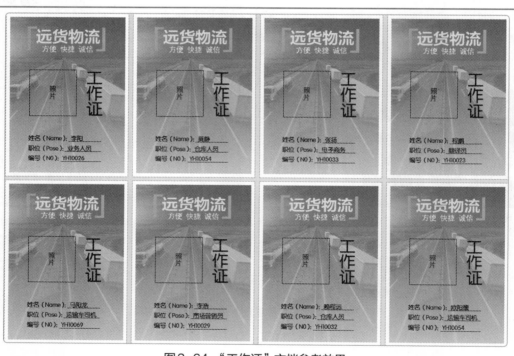

图2-64 "工作证"文档参考效果

【实训思路】

本实训应先制作"工作证.docx"文档作为模板，然后再将"员工信息表.xlsx"工作簿数据关联到该文档，接着在其中插入合并域，最后对合并效果进行预览。

【步骤提示】

① 新建"工作证.docx"文档，设置纸张"高度"为"18厘米"，设置纸张"宽度"为"13厘米"，插入图片、形状、文本框等元素，制作出工作证的模板。

② 将"员工信息表 .xlsx"工作簿中的"姓名""职位""编号"关联到"工作证 .docx"文档的相应位置处，预览合并效果。

③ 保存合并后的文档。

 课后练习

练习1：编排"北斗卫星导航系统介绍"文档

下面编排"北斗卫星导航系统介绍"文档，在编排该文档时，首先需要制作封面，然后为文本应用样式，再插入目录并添加合适的页眉和页脚。本练习的参考效果如图 2-65 所示。

素材所在位置　素材文件\项目二\北斗卫星导航系统介绍.docx
效果所在位置　效果文件\项目二\北斗卫星导航系统介绍.docx

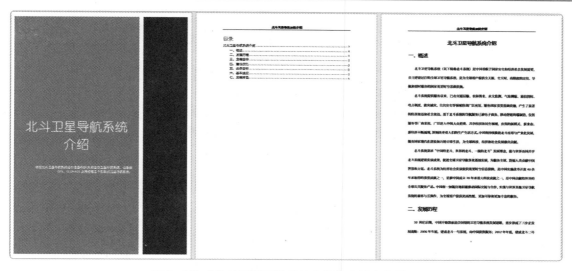

图2-65　"北斗卫星导航系统介绍"文档参考效果

操作要求如下。

● 打开"北斗卫星导航系统介绍.docx"文档，在其中插入"网格"封面，然后将其主题设置为"框架"，并编辑封面内容。

● 为标题文本应用"标题"样式，为正文中的小标题应用"标题2"样式。

● 插入目录、"空白"样式的页眉和"镶边"样式的页脚，并将页眉与页脚的字体格式设置为"华文仿宋、10、加粗"。

练习2：制作"招聘启事"文档

招聘启事是用人单位向求职者发出的一种文书，其制作质量会影响企业的招聘效果和企业形象。下面通过插入并编辑形状、图片、艺术字等操作制作"招聘启事"文档。

本练习的参考效果如图 2-66 所示。

素材所在位置	素材文件\项目二\手.jpg
效果所在位置	效果文件\项目二\招聘启事.docx

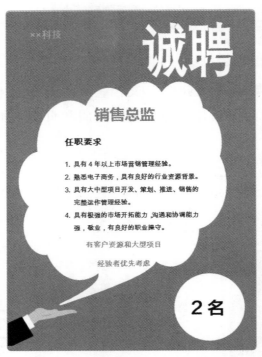

图2-66　"招聘启事"文档参考效果

操作要求如下。

● 新建并保存"招聘启事"文档，然后在其中绘制一个与页面等大的矩形，并设置矩形的"形状填充"为"浅蓝"，设置"形状轮廓"为"无轮廓"。

● 插入"手.jpg"图片，调整图片大小并将其放置于页面左下角。

● 插入"云行"形状，然后编辑其顶点；在页面右下角插入一个无轮廓、"形状填充"为"白色，背景1"的圆形。

● 在页面右上角插入艺术字，然后在形状内插入文本框，并输入相应的文本。

技能提升

1. 将图片裁剪为形状

在文档中插入图片后，若要将图片裁剪为其他形状，让图片与文档配合得更加完美，可以选择要裁剪的图片，然后在【图片工具 格式】/【大小】组中单击"裁剪"按钮下方的下拉按钮，在打开的下拉列表中选择"裁剪为形状"选项，在打开的子列表中选择需要的形状，图 2-67 所示为图片裁剪前后的对比效果。

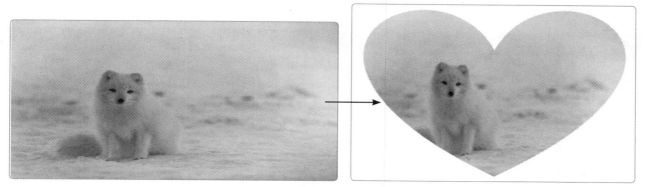

图2-67　图片裁剪前后的对比效果

2. 使用导航窗格查看长文档

当文档内容较多，且应用了标题样式时，可以使用 Word 提供的导航窗格来快速浏览文档具体方法为：在【视图】/【显示】组中勾选"导航窗格"复选框，系统将在文档左侧打开导航窗格，同时，"标题"栏中将显示各级标题的文本链接，单击相应的文本链接后，将自动跳转到标题文本对应的文档页面中。

3. 删除页眉中的横线

在添加页眉后，页眉处会自动出现一条横线。若要保留页眉中的文本内容，同时又要删除横线，可在页眉处双击进入页眉编辑状态，在【开始】/【字体】组中单击"清除所有格式"按钮。此时页眉中的横线将被清除，同时页眉中的文本格式也会被清除，需要重新设置。此外，用户也可以在页眉编辑状态中选择页眉内容，在【开始】/【段落】组中单击"边框"按钮右侧的下拉按钮，在打开的下拉列表中选择"无框线"选项删除其中的横线。

4. 分栏显示文档

分栏显示就是竖向划分文档中的内容，常见的分栏显示就是报纸或杂志的排版方式。具体方法为：在【布局】/【页面设置】组中单击"分栏"按钮，在打开的下拉列表中选择需要的分栏栏数。此外，也可以在"分栏"下拉列表中选择"更多分栏"选项，打开"分栏"对话框，在"栏数"数值框中设置需要的栏数。

5. 添加批注与删除批注

在日常编辑文档或上级在查看下级制作的文档时，经常需要对某处的内容进行补充说明或提出建议，此时就可以使用 Word 的批注功能来进行标注，以提醒创作者进行相应的修改。具体方法为：选择需要添加批注的文本，在【审阅】/【批注】组中单击"新建批注"按钮，或单击鼠标右键，在弹出的快捷菜单中选择"新建批注"命令，系统将自动在文档相应位置处插入批注框，用户即可在其中输入批注内容，如图 2-68 所示。

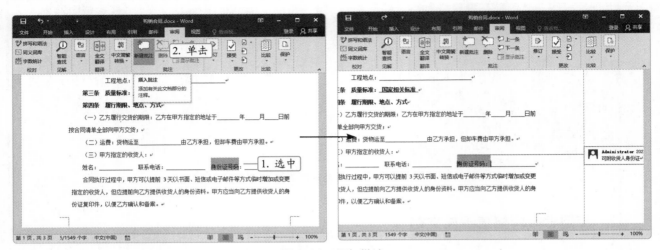

图2-68　添加批注

若存在多条批注,则可以在【审阅】/【批注】组中单击"上一条"按钮和"下一条"按钮切换批注。若已根据批注建议修改了文本内容，则可以删除批注，方法为：选择批注，在【审阅】/【批注】组中单击"删除"按钮，或者单击鼠标右键，在弹出的快捷菜单中选择"删除批注"命令。

6. 设置密码以保护文档

对于比较重要的文档，为了防止他人查看或编辑，用户可利用 Word 提供的保护功能对其进行保护。具体方法为：选择"文件"/"信息"命令，在打开的"信息"界面中单击"保护文档"按钮，在打开的下拉列表中选择"用密码进行加密"选项，打开"加密文档"对话框，在该对话框中输入保护密码，根据提示完成操作。

项目三

制作并编辑Excel表格

情景导入

公司最近新招了一批员工，需要将他们的信息统计成表格，以便交流与联络，公司将这项任务交给了米拉。

米拉：老洪，公司让我将新同事的信息统计成表格，并将它们打印出来，这个也可以用Word来制作吗？

老洪：Word的主要功能是制作文档，而当数据较多时，就需要使用Excel来制作表格，同时操作也更加方便，尤其是像工资表、销售表这类数据表格，使用Excel来制作更便于数据的管理与分析。

米拉：我明白了。

学习目标

◎ 掌握新建与保存工作簿的方法
◎ 掌握美化表格的方法
◎ 掌握使用公式和函数的方法
◎ 掌握打印表格的方法

技能目标

◎ 制作"员工信息表"表格
◎ 编辑"工资表"表格

任务一　制作"员工信息表"表格

员工信息表是行政人员需要制作的基本表格之一，其中记载了员工的编号、姓名、所属部门、住址和联系方式等基本信息，方便员工不在公司时能及时与其取得联系。

 **任务目标**

米拉接到任务后，首先确定了新同事的人数，然后统计了相关信息（可参见提供的素材文件），并以此为依据制作了"员工信息表"表格。制作该表格时，可以先输入信息并设置数据格式，然后根据内容来调整行高和列宽，并适当美化，最后将其打印输出。"员工信息表"表格的参考效果如图3-1所示。

 素材所在位置　素材文件\项目三\员工信息表.txt
效果所在位置　效果文件\项目三\员工信息表.xlsx

 **相关知识**

1. 认识Excel 2016的操作界面

Excel 2016与Word 2016一样，也是Office 2016办公套件中的一个组件，所以，其操作界面与Word 2016的操作界面基本一致。但Excel 2016的操作界面除了有"文件"菜单、快速访问工具栏、标题栏、控制按钮、功能区、功能区选项卡、搜索框和状态栏等组成部分外，还包括编辑栏、列标、行号、工作表编辑区和工作表标签等，如图3-2所示。

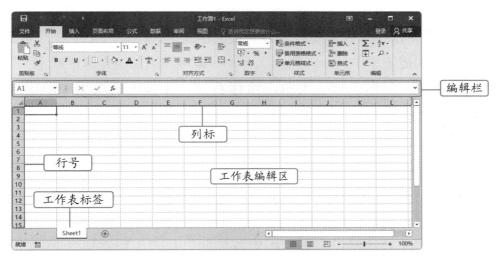

图3-2　Excel 2016的操作界面

● **编辑栏**。编辑栏从左到右依次是名称框、工具按钮和编辑区。其中，名称框可显示当前单元格的地址（也称单元格的名称）；工具按钮包括"取消"按钮×、"输入"按钮✔和"插入函数"按钮fx，分别用于撤销和确认在当前单元格中的操作，以及在当前单元格中插入函数；编辑区也称为公式栏区，用于显示当前单元格中的内容，也可以直接在此处输入和编辑当前单元格中的内容。

● **列标**。列标用于显示工作表中的列，以A、B、C、D……的形式编号。

● **行号**。行号用于显示工作表中的行，以1、2、3、4……的形式编号，列标和行号的组合就是单元格的地址，如"B5"表示的就是B列第5行的单元格。

● **工作表编辑区**。工作表编辑区是由暗灰线组成的表格区域，位于编辑栏的下方。表格中行与列的交叉部分称为单元格，它是组成表格的最小单位，单个数据的输入和修改都在单元格中进行。

● **工作表标签**。工作表标签用于显示当前工作簿中工作表的名称，单击工作表标签右侧的"新工作表"按钮⊕，可插入新工作表。

2．工作表的基本操作

工作表的基本操作主要包括选择工作表、重命名工作表、移动工作表、复制工作表、插入工作表、删除工作表、保护工作表和设置工作表标签颜色等。

● **选择工作表**。选择工作表的操作包括在工作表标签中单击选择一张工作表、按【Shift】键选择连续的多张工作表和按【Ctrl】键选择不连续的多张工作表。

● **重命名工作表**。双击工作表标签或在其上单击鼠标右键，在弹出的快捷菜单中选择"重命名"命令，当工作表标签呈灰底显示时，即可重命名。

● **移动工作表或复制工作表**。在工作表标签上单击鼠标右键，在弹出的快捷菜单中选择"移动或复制"命令，打开"移动或复制工作表"对话框，在其中进行相应的设置即可移动或复制工作表。

● **插入工作表**。单击工作表标签右侧的"新工作表"按钮⊕，或者在工作表标签上单击鼠标右键，在弹出的快捷菜单中选择"插入"命令，即可在当前工作簿中新建一张工作表。

● **删除工作表**。在工作表标签上单击鼠标右键，在弹出的快捷菜单中选择"删除"命令，即可删除相应工作表。如果工作表中有数据，删除工作表时将打开提示对话框，单击 ▣删除 按钮即可将其删除。

● **保护工作表**。在工作表标签上单击鼠标右键，在弹出的快捷菜单中选择"保护工作表"命令，打开"保护工作表"对话框，在其中进行相应的设置即可。

● **设置工作表标签颜色**。在工作表标签上单击鼠标右键，在弹出的快捷菜单中选择"工作表标签颜色"命令，在弹出的子菜单中选择颜色，为工作表标签添加颜色。

3. 选择单元格

创建工作簿后，如果要编辑某个单元格或单元格区域，就需要先选择相应的单元格或单元格区域。在 Excel 中，选择单元格或单元格区域的方法有以下 5 种。

● **选择某个单元格**。单击某个单元格即可将其选中，且被选择单元格的边框将以黑色粗线边框状态显示。

● **选择单元格区域**。将鼠标指针移至任意单元格处，按住鼠标左键并沿着对角方向拖曳鼠标指针，范围内的单元格即可被全部选中。

● **选择整行**。将鼠标指针移至工作表编辑区左侧的行号上，当鼠标指针变为➡形状时，单击即可选中对应行的单元格。另外，按住鼠标左键并向上或向下拖曳鼠标指针，可选择连续的多行单元格

● **选择整列**。将鼠标指针移至工作表编辑区上方的列标上，当鼠标指针变为⬇形状时，单击即可选中对应列的单元格。另外，按住鼠标左键并向左或向右拖曳鼠标指针，可选择连续的多列单元格。

● **全选工作表**。"全选"按钮◢位于行号与列标交叉的地方，单击该按钮可全选工作表中的单元格。另外，按【Ctrl+A】组合键也可以实现该操作。

4. 输入与填充数据

制作表格的基础是输入数据，Excel 支持各种类型的数据，包括文本和数字等一般数据，以及身份证、小数和货币等特殊数据。对编号等有规律的序列数据而言，用户还可以利用快速填充功能实现高效输入。

● **输入普通数据**。在 Excel 中输入普通数据的方法主要有 3 种：选择单元格后输入；双击单元格，当单元格中出现闪烁的光标时输入；在编辑栏中输入。其中，后两种方法适用于修改单元格中的某个数值或部分文本。

● **快速填充数据**。在输入数据的过程中，若单元格数据多处相同或是有规律的序列

数据，可以使用快速填充表格数据的方法来提高工作效率。其方法主要有两种，即通过"序列"对话框填充（在【开始】/【编辑】组中单击"填充"按钮⬇，在打开的下拉列表中选择"序列"选项，打开"序列"对话框，在其中对填充类型进行设置）和使用控制柄填充。

 任务实施

1. 新建并保存工作簿

在使用 Excel 制作各类表格时，首先要掌握的就是新建和保存工作簿的操作。下面新建一个工作簿，然后将其命名为"员工信息表.xlsx"并保存在计算机中，具体操作如下。

微课视频
新建并保存工作簿

❶ 单击"开始"按钮⊞，在打开的"开始"列表中选择"Excel 2016"选项，在打开的"新建"界面中选择"空白工作簿"选项，如图3-3所示。

❷ 按【Ctrl+S】组合键，打开"另存为"界面，选择"浏览"选项，打开"另存为"对话框，将该工作簿命名为"员工信息表"并保存在计算机中，如图3-4所示。

图3-3　新建工作簿

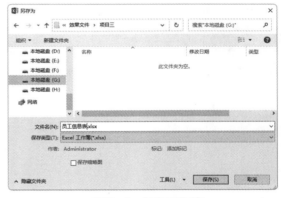

图3-4　保存工作簿

新建、打开、保存和关闭Excel表格的操作与Word文档的基本相同，此处不再赘述。

知识补充

2. 输入与填充数据

新建并保存工作簿后，用户就可将收集的数据输入工作表中了。输入数据时，除了可以采用直接输入的方式外，还可以通过 Excel 的填充功能来实现快速输入数据。下面在"员工信息表.xlsx"工作簿中输入相关数据，具体操作如下。

微课视频
输入与填充数据

1 选择 A1 单元格，在其中输入"员工信息表"，按【Enter】键，系统将自动向下选择 A2 单元格，如图 3-5 所示。

2 在 A2:H2 单元格区域中依次输入"员工编号""姓名""所属部门""性别""出生年月""入职日期""住址""联系方式"，如图 3-6 所示。

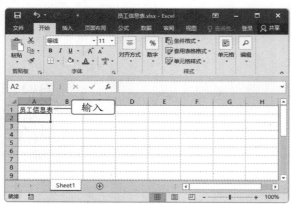

图3-5　输入标题

图3-6　输入表头

3 选择 A3 单元格，在其中输入"MC-001"，将鼠标指针移至该单元格右下角，当鼠标指针变成 **+** 形状时，按住鼠标左键并向下拖曳鼠标指针至 A20 单元格，如图 3-7 所示。

4 依次输入除"所属部门""性别"列外的其他数据，部分效果如图 3-8 所示。

图3-7　填充数据

图3-8　输入其他数据

知识补充

如果是文本数据，向下填充时，系统将自动填充为相同的数据。如果是数字数据，向下填充时，系统将以"1"为步长进行等差数列的填充；如果要填充相同的数字数据，则需要在拖曳结束后单击"自动填充选项"按钮，在弹出的快捷菜单中选中"复制单元格"单选项。

3. 设置数据验证

为了避免员工信息表中的所属部门、性别列的内容输入错误，用户可以为这些单元格区域设置数据验证。下面为"员工信息表.xlsx"工作簿中的"所属部门"和"性别"列设置数据验证,具体操作如下。

微课视频
设置数据验证

1 选择 C3:C20 单元格区域,在【数据】/【数据工具】组中单击"数据验证"按钮,在打开的"数据验证"对话框中单击"设置"选项卡,在"允许"下拉列表中选择"序列"选项,在"来源"参数框中输入"生产部,行政部,销售部,策划部,财务部",如图 3-9 所示。注意,"来源"参数框中的文本需要用英文逗号隔开。

图3-9 设置数据验证

2 单击"输入信息"选项卡,在"标题"文本框中输入"注意",在"输入信息"列表框中输入"只能输入生产部、行政部、销售部、策划部、财务部中的其中一个",如图 3-10 所示。

3 单击"出错警告"选项卡,在"标题"文本框中输入"警告",在"错误信息"列表框中输入"输入的数据不在正确范围内,请重新输入",单击 确定 按钮,如图 3-11 所示。

图3-10 设置输入信息

图3-11 设置出错警告

4 在 C3:C20 单元格区域中依次输入员工所属部门的数据。使用同样的方法,设置 D3:D20 单元格区域的数据验证为"男，女"，并依次输入员工的性别数据，输入数据后的部分效果如图 3-12 所示。

图 3-12　输入数据后的部分效果

知识补充　　若在设置数据验证时选择了某一整列，那么只要不修改数据验证的来源，该列就不会受到影响，而且后期新增员工数据时，也不用重新为新增员工数据设置数据验证，极大地提高了工作效率。

微课视频

设置单元格
格式

4. 设置单元格格式

完成数据的输入操作后，还需要设置单元格格式，如合并单元格、设置字体格式、调整行高和列宽、添加底纹和边框等，从而达到美化工作表的目的。下面设置"员工信息表 .xlsx"工作簿的单元格格式，具体操作如下。

❶ 选择 A1:H1 单元格区域，在【开始】/【对齐方式】组中单击"合并后居中"按钮圖或单击该按钮右侧的下拉按钮▼，在打开的下拉列表中选择"合并后居中"选项，合并后的单元格内容将自动居中显示，如图 3-13 所示。

图 3-13　合并单元格

2 保持 A1 单元格处于选中状态，在【开始】/【字体】组中将其字体格式设置为"方正大黑简体、24、加粗"，效果如图 3-14 所示。

3 选择 A2:H2 单元格区域，在【开始】/【对齐方式】组中单击"居中"按钮，并在【开始】/【字体】组中将其字体格式设置为"宋体、12、加粗"。使用同样的方法，将 A3:H20 单元格区域的字体格式设置为"宋体、11、居中"，部分效果如图 3-15 所示。

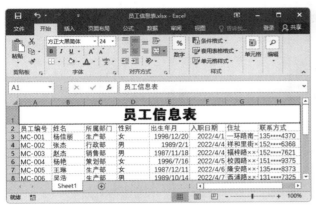

图3-14 设置标题字体格式

图3-15 设置表格字体格式

4 选择 G 列，将鼠标指针放在 G 列和 H 列之间的分割线上，当鼠标指针变成➕形状时，按住鼠标左键并向右拖曳，此时鼠标指针右侧将显示具体的列宽值，待拖曳至合适位置处时即可释放鼠标左键，如图 3-16 所示。使用同样的方法调整其他列的列宽。

5 选择第 2 至 20 行，单击鼠标右键，在弹出的快捷菜单中选择"行高"命令，在打开的"行高"对话框中的"行高"文本框中输入"15"，单击 确定 按钮，如图 3-17 所示。

图3-16 调整列宽

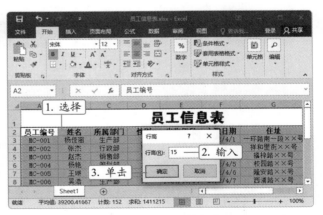

图3-17 调整行高

6 选择 A2:H20 单元格区域，在【开始】/【字体】组中单击"边框"按钮右侧的下拉按钮，在打开的下拉列表中选择"其他边框"选项，如图 3-18 所示。

7 打开"设置单元格格式"对话框，在"样式"列表框中选择第 7 行第 2 个选项，在"预置"栏中单击"外边框"按钮，在"样式"列表框中选择第 7 行第 1 个选项，在"预置"栏中单击"内部"按钮，单击 确定 按钮，如图3-19所示。

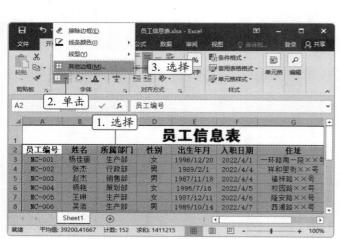

图3-18 选择"其他边框"选项

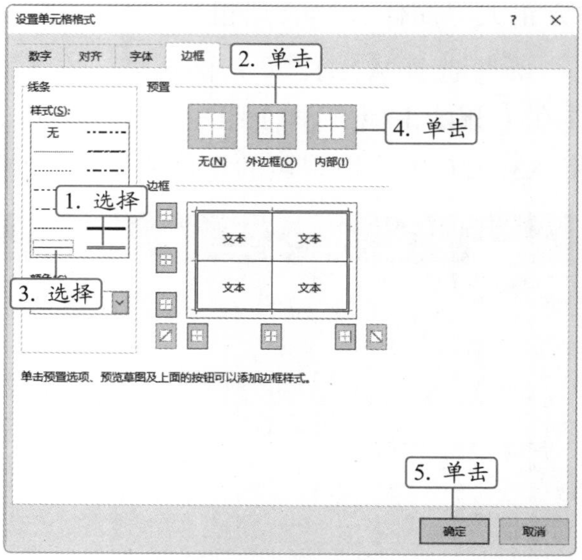

图3-19 设置边框样式

8 保持A2:H20单元格区域处于选中状态，在【开始】/【字体】组中单击"填充颜色"按钮右侧的下拉按钮，在打开的颜色面板中选择"白色，背景1，深色5%"选项，如图3-20所示。

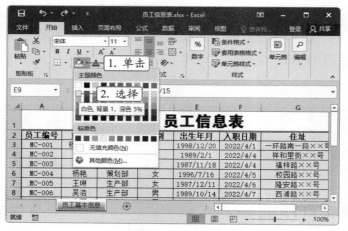

图3-20 设置填充颜色

知识补充

选择目标单元格区域后，在【开始】/【字体】组中单击"边框"按钮右侧的下拉按钮，在打开的下拉列表中选择"上框线""下框线"等选项可快速为所选区域添加相应的边框样式，选择"无边框"选项则可取消边框设置。

5. 重命名工作表并设置标签颜色

Excel默认状态下的新建工作簿只包含一张"Sheet1"工作表,为了方便管理,表格创建者通常会将工作表命名为与展示内容相关联的名称。下面重命名"员工信息表.xlsx"工作簿中的"Sheet1"工作表,具体操作如下。

① 选择"Sheet1"工作表标签,双击,或者单击鼠标右键,在弹出的快捷菜单中选择"重命名"命令。

② 此时的工作表标签将呈灰底可编辑状态显示,在其中输入"员工基本信息",并按【Enter】键完成工作表的重命名操作。单击鼠标右键,在弹出的快捷菜单中选择"工作表标签颜色"/"红色"命令,效果如图3-21所示。

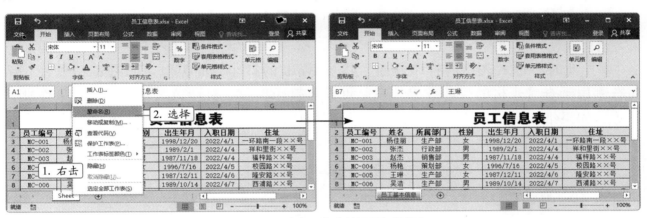

图3-21 重命名工作表并设置标签颜色

6. 打印工作表

对办公人员来说,编辑美化后的表格通常需要打印出来,以便于公司人员或客户查看。而在打印时,为了完美呈现表格内容,需要设置工作表的页面、打印范围等,完成设置后还可预览打印效果。下面打印输出"员工信息表.xlsx"工作簿中的"员工基本信息"工作表,具体操作如下。

① 在【页面布局】/【页面设置】组中单击右下角的"对话框启动器"按钮 ,打开"页面设置"对话框,在"方向"栏中选中"横向"单选项,在"缩放"栏中的"缩放比例"数值框中输入"100",在"纸张大小"下拉列表中选择"A4"选项,如图3-22所示。

② 单击"页边距"选项卡,在"居中方式"栏中勾选"水平"和"垂直"复选框,单击 打印预览(W) 按钮,如图3-23所示。

图3-22　设置"页面"选项卡

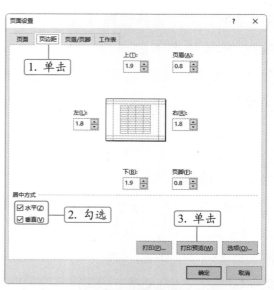

图3-23　设置"页边距"选项卡

❸　此时将进入表格的打印界面，其与 Word 的打印界面类似，如图 3-24 所示。界面右侧用于查看表格的打印效果，左侧可设置打印份数、打印范围、纸张方向和纸张大小等，如果纸张留白过多，可以将表格的缩放比例调大。设置完成后，单击"打印"按钮🖶即可打印输出表格。

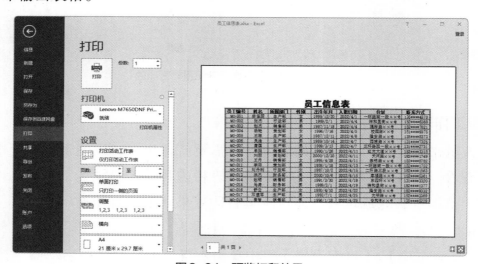

图3-24　预览打印效果

任务二　编辑"工资表"表格

工资表又称为工资结算表，是用于核算员工工资的一种表格。工资表一般包括工资汇总表和工资条两部分，工资汇总表统计所有员工的工资，包括应发工资、代扣款项和实发金额等部分，而工资条是发放到员工手中的，便于员工快速查看工资的详细情况。

不同的公司制订的员工工资管理制度不同，其员工工资项目也有所不同，因此在编辑工资表时，应结合实际情况来计算员工工资。

 **任务目标**

到了月底，公司准备统计出每个员工的当月应发工资，并根据其计算结果制作工资条，以便员工进行核对。米拉接到任务后，首先查阅了制作工资表的相关资料，如工资的组成、工资表所涉及的知识等，再将员工工资表的基本信息录入表中。准备工作完成后，米拉便开始计算相关工资数据。"工资表"表格的参考效果如图3-25所示。

素材所在位置 素材文件\项目三\工资表.xlsx
效果所在位置 效果文件\项目三\工资表.xlsx

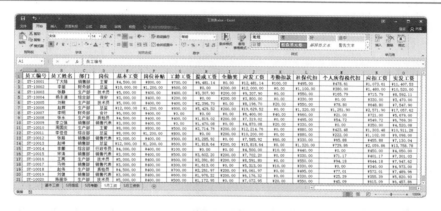

图3-25 "工资表"表格的参考效果

职业素养　　缴纳个人所得税是每个公民应尽的义务，只要实发工资大于起征点5000元，都应该按照国家相应的法律法规缴纳个人所得税。个人所得税根据个人的收入进行计算，其计算公式为：应纳税额＝（工资薪金所得－五险一金－扣除数）×适用税率－速算扣除数。其中"工资薪金所得－五险一金－扣除数"得到的就是全月应纳税所得额，不同阶段的应纳税所得额所对应的税率和速算扣除数也不同，具体如表3-1所示。

表3-1　个人所得税税率表

级数	全月应纳税所得额	税率	速算扣除数（元）
1	全月应纳税所得额不超过3000元部分	3%	0
2	全月应纳税所得额超过3000元但不超过12000元部分	10%	210
3	全月应纳税所得额超过12000元但不超过25000元部分	20%	1410
4	全月应纳税所得额超过25000元但不超过35000元部分	25%	2660
5	全月应纳税所得额超过35000元但不超过55000元部分	30%	4410
6	全月应纳税所得额超过55000元但不超过80000元部分	35%	7160
7	全月应纳税所得额超过80000元部分	45%	15160

相关知识

1. 认识公式

Excel中的公式是计算工作表中的数据的等式，它是以等号"="开始，其后紧跟公式的表达式，其中包含如下项目。

● **单元格引用**。单元格引用是指引用单元格在工作表中的坐标位置，如公式"=B1+D9"中的"B1"表示引用B列第1行单元格中的数据。

● **单元格区域引用**。单元格区域引用是指引用单元格区域在工作表中的坐标位置。

● **运算符**。运算符是Excel公式中的基本元素，使用不同的运算符可进行不同的运算，如使用"+"（加）、"="（等号）、"&"（文本连接符）和","（英文逗号）等时，系统将显示不同的结果。

● **函数**。函数是指Excel中的内置函数，即通过使用一些称为参数的特定数值按特定的顺序或结构执行计算的公式。其中的参数可以是常量数值、单元格引用和单元格区域引用等。

● **常量数值**。常量数值包括数字或文本等各类数据，如"0.5647""客户信息""Tom Vision""A001"等。

2. 认识函数

函数是一种在计算数据时可以直接调用的表达式，其格式为：= 函数名（参数1,参数2,…）。其中包含如下项目。

● **函数名**。函数名是指函数的名称，每个函数都有其唯一的函数名，如 "SUM"（求和）和 "SUMIF"（条件求和）等。

● **参数**。参数是指函数中用来执行操作或计算的值，参数的类型与函数有关。

3. 引用单元格

引用单元格是指通过行号和列标来指定要进行运算的单元格地址。在进行计算时，Excel 会自动根据单元格地址来寻找单元格，并引用单元格中的数据。在 Excel 中，单元格的引用包括相对引用、绝对引用和混合引用 3 种。

● **相对引用**。相对引用是指引用相对于公式所在单元格的位于某一位置的单元格。对于使用相对引用的公式，复制粘贴后，新公式中的引用将被更新，并指向与当前公式位置相对应的其他单元格。

● **绝对引用**。绝对引用是指公式所在单元格与引用的单元格之间的位置关系是绝对的。使用绝对引用的公式的计算结果不会随公式所在单元格位置的改变而改变。如果一个公式的表达式中有绝对引用作为组成元素，则当用户把该公式复制到其他单元格中时，该公式中的绝对引用地址会始终保持不变。对于绝对引用，单元格的行号、列标前都会有 "$" 符号，如 "$A$1" "$E$2" 等。

● **混合引用**。混合引用是指公式中引用的单元格具有绝对列和相对行或绝对行和相对列等形式。绝对引用列如 "$A1" "$B1" 等，绝对引用行如 "A$1" "B$1" 等。在混合引用中，若公式所在单元格的位置发生改变，则相对引用的部分也将会发生改变，而绝对引用的部分则保持不变。

知识补充

在引用的单元格地址中按【F4】键，可以使其在相对引用、绝对引用与混合引用之间来回切换。如选择公式 "=A1+A2" 中的 "A1" 地址，第 1 次按【F4】键时，它将变为 "$A$1"；第 2 次按【F4】键时，它将变为 "A$1"；第 3 次按【F4】键时，它将变为 "$A1"；第 4 次按【F4】键时，它将变为 "A1"。

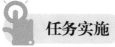

任务实施

1. 计算辅助表表格数据

一般来说，工资表中的大多数数据都需要基于其他表格中的数据计算或引用得到，所以，在制作工资表时，首先需要计算辅助表格中的一些数据，如工龄、提成工资、考勤扣款等。下面计算 "工资表 .xlsx" 表格中的辅助数据，

微课视频

计算辅助表表格数据

具体操作如下。

1 打开"工资表 .xlsx"工作簿，单击"基本工资"工作表标签，选择 G2 单元格，在该单元格中输入公式"=DATEDIF("，选择 F2 单元格，此时的公式中将显示所选单元格的引用地址，再输入一个英文逗号，如图 3-26 所示。

2 在【公式】/【函数库】组中单击"日期和时间"按钮，在打开的下拉列表中选择"TODAY"选项，如图 3-27 所示。

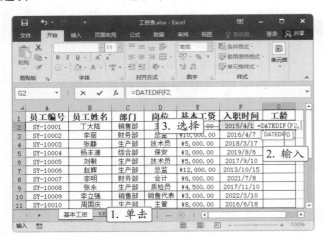
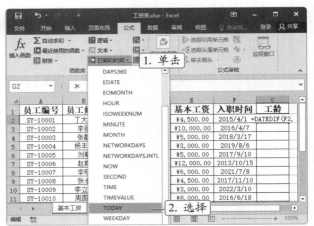

图3-26　引用单元格　　　　　　　　图3-27　选择日期函数

知识补充

　　DATEDIF() 函数用于计算两个日期之间相隔的天数、月数或年数，其语法结构为：DATEDIF(start_date,end_date,unit)。其中，start_date 表示开始日期；end_date 表示结束日期；unit 表示要返回的信息类型，类型包括 "Y"（表示返回两个日期值间隔的整年数）、"M"（表示返回两个日期值间隔的整月数）、"D"（表示返回两个日期值间隔的天数）、"MD"（表示返回两个日期值间隔的天数，忽略日期中的年和月）、"YM"（表示返回两个日期值间隔的月数，忽略日期中的年）、"YD"（表示返回两个日期值间隔的天数，忽略日期中的年）。公式"=DATEDIF(F2,TODAY(),"Y")"表示返回入职时间和系统当前日期这两个日期之间相差的年数。

　　本例若要保证计算结果与效果文件中相同，需要在系统日期上单击鼠标右键，在弹出的快捷菜单中选择"调整日期 / 时间"命令，在打开的"日期和时间"面板中单击"自动设置时间"按钮将该功能关闭，然后单击"手动设置日期和时间"栏中的 更改 按钮，在打开的面板中将系统时间设置为 2022 年 3 月 22 日。

3 打开"函数参数"对话框，该对话框提示该函数不需要参数，直接单击 确定 按钮，系统将会弹出"该公式缺少左括号或右括号"的提示框，然后再次单击按钮，接着继续在"TODAY()"后面输入剩余的部分公式 ",\"Y\")"，如图 3-28 所示。另外，如果后续操作同样遇到了此问题，也可直接单击按钮。

4 按【Ctrl+Enter】组合键得出计算结果，将鼠标指针移至 G2 单元格的右下角，当鼠标指针变成**✛**形状时，按住鼠标左键并向下拖曳鼠标指针至 G21 单元格，计算出其他员工的工龄，如图 3-29 所示。

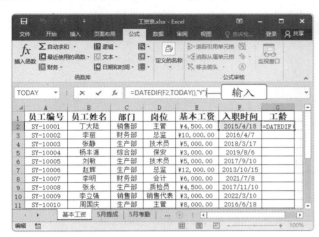

图 3-28　输入剩余的公式部分　　　　　图 3-29　计算工龄

5 切换至"5 月提成"工作表，选择 G2 单元格，在其中输入公式"=E2*F2"，按【Ctrl+Enter】组合键得出计算结果，并将 G2 单元格的公式向下填充至 G16 单元格，计算出其他员工的提成金额，并设置其数据格式为"货币"，如图 3-30 所示。

6 切换至"5 月考勤"工作表，选择 I2 单元格，在【公式】/【函数库】组中单击"自动求和"按钮 **∑**，系统将自动在 I2 单元格中输入公式"=SUM(G2:H2)"，由于该公式未包含员工的所有考勤数据，所以需要手动将该公式更改为"=SUM(E2:H2)"。按【Ctrl+Enter】组合键得出计算结果，并将 I2 单元格的公式向下填充至 I21 单元格，计算出其他员工的考勤扣款，如图 3-31 所示。

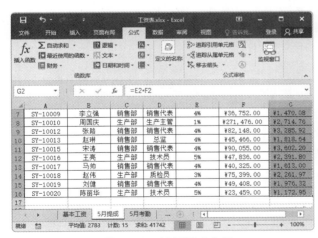
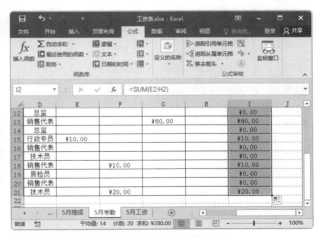

图 3-30　计算提成金额　　　　　图 3-31　计算考勤扣款

7 选择 I2:I21 单元格区域，选择"文件"/"选项"命令，在打开的"Excel 选项"

对话框，左侧单击"高级"选项卡，在右侧的列表框中的"此工作表的显示选项："栏中取消勾选"在具有零值的单元格中显示零"复选框，单击 确定 按钮，如图 3-32 所示。

⑧ 返回工作表后，I2:I21 单元格区域中的零值将显示为空白，如图 3-33 所示。

图 3-32　设置零值不显示

图 3-33　查看效果

2．计算工资表表格数据

计算完与工资表有关的辅助表表格数据后，就可以计算工资表中的数据了。下面计算"工资表 .xlsx"表格数据，具体操作如下。

微课视频

计算工资表表格数据

① 切换至"5 月工资"工作表，选择 E2:O21 单元格区域，将其格式设置为"货币"。选择 E2 单元格，在其中输入公式"=VLOOKUP(A2,"，如图 3-34 所示，单击"基本工资"工作表标签。

② 切换至"基本工资"工作表，在其中选择 A1:G21 单元格区域，如图 3-35 所示。

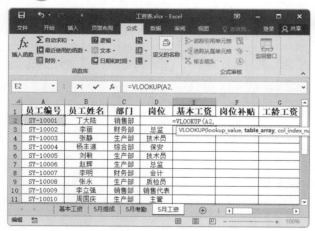

图 3-34　输入公式

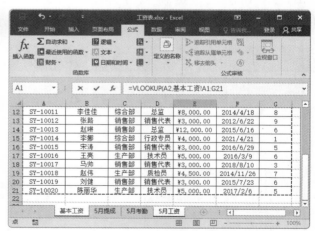

图 3-35　引用单元格区域

③ 选择公式中的"A1:G21"，按【F4】键切换为绝对引用，系统将自动切换至"5 月工资"工作表中。在 E2 单元格的公式后面输入"，5,0)"，并按【Ctrl+Enter】组合键得出计算结果，如图 3-36 所示。

④ 将 E2 单元格的公式向下填充至 E21 单元格，得到其他员工的基本工资，效果如图 3-37 所示。

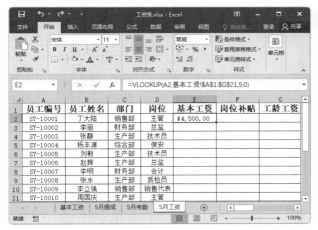

图3-36　引用数据

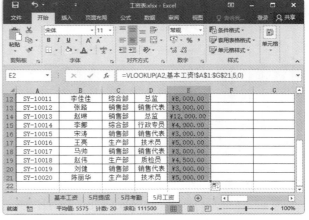

图3-37　计算基本工资

知识补充

VLOOKUP() 函数可根据指定的条件在表格或区域中按行查找，并返回符合要求的数据，其语法结构为：VLOOKUP(lookup_value,table_array,col_ index_num,range_lookup)。其中，lookup_value 表示要查找的值；table_array 表示要查找的区域；col_index_num 表示要返回查找区域中第几列中的数据；range_lookup 表示精确匹配还是近似匹配，0 或 FALSE 表示精确匹配，1 或 TRUE 或省略表示近似匹配。

⑤ 选择 F2 单元格，在其中输入公式"=IF(D2=" 总监 ",1200,IF(D2=" 主管 ",800, 400))"，按【Ctrl+Enter】组合键得出计算结果，并将 F2 单元格的公式向下填充至 F21 单元格，计算出其他员工的岗位补贴，如图 3-38 所示。

⑥ 选择 G2 单元格，在其中输入公式"= 基本工资 !G2*100"，按【Ctrl+Enter】组合键得出计算结果，并将 G2 单元格的公式向下填充至 G21 单元格，计算出其他员工的工龄工资，如图 3-39 所示。

知识补充

IF() 函数可根据指定的条件判断真假，如果满足条件，则返回一个值，如果条件不满足，则返回另外一个值，其语法结构为：IF(logical_test,value_if_true,value_if_false)。其中，logical_test 表示测试条件；value_if_true 表示条件成立时要返回的值；value_if_false 表示条件不成立时要返回的值。

公式"=IF(D2=" 总监 ",1200,IF(D2=" 主管 ",800,400))"表示 D2 单元格的数据为"总监"时，返回"1200";D2 单元格的数据为"主管"时，返回"800";D2 单元格的数据为其他时，返回"400"。

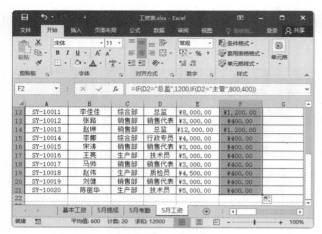

图3-38　计算岗位补贴

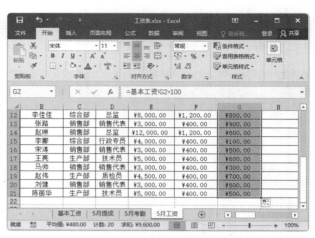

图3-39　计算工龄工资

7 选择 H2 单元格，在其中输入公式"=IFERROR(VLOOKUP(A2,'5 月提成 '!$A$1:$G$16,7,0),0)"，按【Ctrl+Enter】组合键得出计算结果，并将 H2 单元格的公式向下填充至 H21 单元格，计算出其他员工的提成工资，如图 3-40 所示。

8 选择 I2 单元格，在其中输入公式"=IF('5 月考勤 '!I2=0,200,0)"，按【Ctrl+Enter】组合键得出计算结果，并将 I2 单元格的公式向下填充至 I21 单元格，计算出其他员工的全勤奖，如图 3-41 所示。

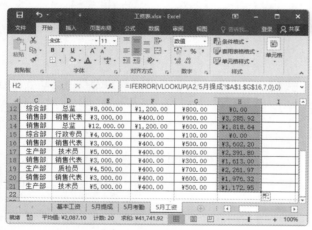

图3-40　计算提成工资

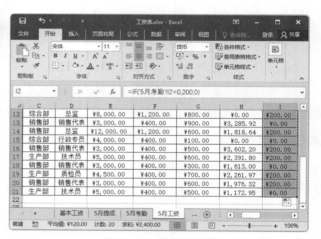

图3-41　计算全勤奖

知识补充　　IFERROR() 函数用于捕获和处理公式中的错误值，若计算结果为错误值，则返回指定值，否则返回公式计算结果，其语法结构为：IFERROR(value,value_if_error)。其中，value 表示要判断是否存在错误的参数，可以是任意值或表达式；value_if_error 表示公式计算结果为 #N/A、#VALUE！、#REF！、#DIV/0！、#NUM！、#NAME？等错误时要返回的值。

9 选择 J2 单元格，在其中输入公式 "=SUM(E2:I2)"，按【Ctrl+Enter】组合键得出计算结果，并将 J2 单元格的公式向下填充至 J21 单元格，计算出其他员工的应发工资，如图 3-42 所示。

10 选择 K2 单元格，在其中输入公式 "=VLOOKUP(A2,'5 月考勤 '!$A$1:$I$21,9,0)"，按【Ctrl+Enter】组合键得出计算结果，并将 K2 单元格的公式向下填充至 K21 单元格，计算出其他员工的考勤扣款，如图 3-43 所示。

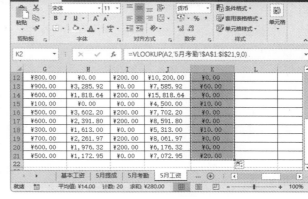

图3-42　计算应发工资　　　　　　　　　图3-43　计算考勤扣款

11 选择 L2 单元格，在其中输入公式 "=E2*8%+E2*2%+E2*1%"，按【Ctrl+Enter】组合键得出计算结果，并将 L2 单元格的公式向下填充至 L21 单元格，计算出其他员工的社保代扣金额，如图 3-44 所示。

12 选择 M2 单元格，在其中输入公式 "=MAX((J2-SUM(K2:L2)-5000)*{3,10,20,25,30,35,45}%-{0,210,1410,2660,4410,7160,15160},0)"，按【Ctrl+Enter】组合键得出计算结果，并将 M2 单元格的公式向下填充至 M21 单元格，计算出其他员工的个人所得税代扣金额，如图 3-45 所示。

知识补充

　　MAX() 函数用于返回一组值中的最大值，其语法结构为：MAX(number1,[number2],…)。其中，number1 是必需参数，而后续数字是可选的，表示要从中查找最大值的数字。

　　公式 "=MAX((J2-SUM(K2:L2)-5000)*{3,10,20,25,30,35,45}%-{0,210,1410,2660,4410,7160,15160},0)" 表示用应发工资减去考勤扣款、社保代扣和起征点 "5000" 的计算结果与相应税级的税率 "{3,10,20,25,30,35,45}%" 相乘，乘积结果将保存在内存数组中，再用乘积结果减去税率级数对应的速算扣除数 "{0,210,1410,2660,4410,7160,15160}"，得到的结果与 "0" 比较，返回最大值，得到的就是个人所得税代扣金额。

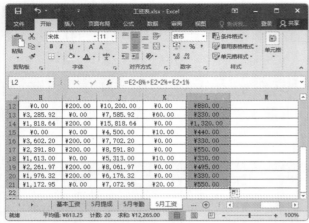

图3-44　计算社保代扣金额

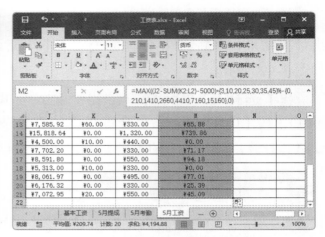

图3-45　计算个人所得税代扣金额

职业素养

　　　　　社会保险由企业和个人共同承担，工资表中的社保代扣部分是个人需要缴纳的部分。一般来说，养老保险企业缴纳20%，个人缴纳8%；医疗保险企业缴纳7.5%，个人缴纳2%；失业保险企业缴纳2%，个人缴纳1%；工伤保险企业缴纳1%；生育保险企业缴纳0.8%，不同地区的缴纳比例可能会有所不同。另外，社会保险缴纳的基数根据地区或企业也会有所不同，本任务是按照基本工资来计算的。

　　13 选择 N2 单元格，在其中输入公式"=SUM(K2:M2)"，按【Ctrl+Enter】组合键得出计算结果，并将 N2 单元格的公式向下填充至 N21 单元格，计算出其他员工的应扣工资，如图 3-46 所示。

　　14 选择 O2 单元格，在其中输入公式"=J2-N2"，按【Ctrl+Enter】组合键得出计算结果，并将 O2 单元格的公式向下填充至 O21 单元格，计算出其他员工的实发工资，如图 3-47 所示。

图3-46　计算应扣工资

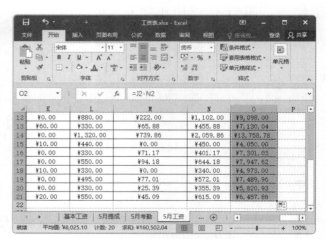

图3-47　计算实发工资

3. 生成工资条

工资条是公司发放给员工的工资详细情况说明，一般可通过函数来快速生成。下面在"工资表.xlsx"工作簿中生成工资条，具体操作如下。

① 在工作表标签区域单击"新工作表"按钮⊕，在"5月工资"工作表后面插入一张名为"5月工资条"的工作表。

② 合并 A1:O1 单元格区域，在其中输入"5月工资条"，并将其字体格式设置为"宋体、20、加粗、居中"。

③ 在"5月工资"工作表中选择 A1:O1 单元格区域，按【Ctrl+C】组合键复制该区域内容，再选择"5月工资条"工作表中的 A2 单元格，单击鼠标右键，在弹出的快捷菜单中选择"选择性粘贴"命令，打开"选择性粘贴"对话框，在其中选中"列宽"单选项后，单击 确定 按钮，如图 3-48 所示。

④ 保持 A2:O2 单元格区域处于选中状态，再次打开"选择性粘贴"对话框，在其中选中"全部"单选项后，单击 确定 按钮。

⑤ 选择 A3 单元格，在其中输入"SY-10001"，选择 B3 单元，在其中输入公式"=VLOOKUP($A3,'5月工资'!$A$1:$O$21,COLUMN(B3),0)"，并将该公式向右填充至 O3 单元格，得到第一位员工的工资数据记录，如图 3-49 所示。

图3-48 "选择性粘贴"对话框

图3-49 引用员工工资数据

⑥ 选择 E3:O3 单元格区域，在【开始】/【数字】组中单击右下角的"对话框启动器"按钮┗，打开"设置单元格格式"对话框，在"分类"列表框中选择"货币"选项，在右侧的"小数位数"数值框中输入"0"，单击 确定 按钮，如图 3-50 所示。

⑦ 返回工作表后，可以看到表中数据的小数已经四舍五入为整数了，如图 3-51 所示。

图3-50　设置单元格格式

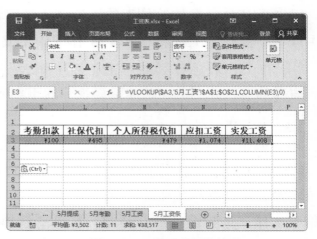

图3-51　四舍五入后的结果

知识补充

　　COLUMN() 函数用于返回所选择的某一个单元格的列数，其语法结构为：=COLUMN（reference）。如果省略 reference，则默认返回函数 COLUMN() 所在单元格的列数。如在 A 列单元格中输入"=COLUMN()"，则返回"1"；在 B 列单元格中输入则返回 2；如果输入 "=COLUMN(D1)" "=COLUMN(D2)" ⋯⋯，则返回"4"，因为 D 列为第 4 列。

8 为 A3:O3 单元格区域添加所有框线后，选择 A1:O4 单元格区域，将其向下填充至 O80 单元格，得到其他员工的工资条数据，如图 3-52 所示。

9 按【Ctrl+H】组合键打开"查找和替换"对话框，在"查找内容"下拉列表框中输入"*月工资条"，在"替换为"下拉列表框中输入"5月工资条"，单击 全部替换(A) 按钮，替换该工作表中的错误月份，并在弹出的对话框中单击 确定 按钮，如图 3-53 所示，关闭"查找和替换"对话框。

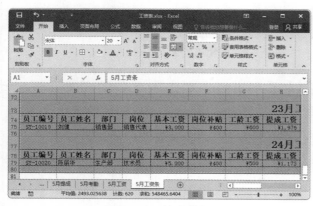

图3-52　填充数据

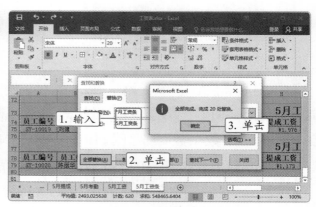

图3-53　替换数据

10 返回工作表后，即可查看替换工资条标题后的效果。

实训一 制作"学生信息登记表"表格

【实训要求】

本实训将制作"学生信息登记表"表格，该表格包括的信息主要有学生姓名、学号、监护人姓名及联系方式等，便于老师更好地掌握学生的情况。在制作"学生信息登记表"表格时，主要涉及的操作有设置单元格格式、设置数据验证等。本实训的参考效果如图3-54所示。

微课视频

制作"学生信息登记表"表格

 素材所在位置　素材文件\项目三\学生信息登记表.txt

效果所在位置　效果文件\项目三\学生信息登记表.xlsx

图3-54 "学生信息登记表"表格参考效果

【实训思路】

本实训首先需要在表格中输入相应的数据，然后设置单元格的字体格式、对齐方式、数据验证等，最后为表格添加需要的边框。

【步骤提示】

❶ 新建一个名为"学生信息登记表"的空白工作簿，在其中的"Sheet1"工作表中输入普通数据，设置C3:C12单元格区域的数据验证为"男,女"，设置I3:I12单元格区域的数据验证为"住校,走读"。

❷ 合并A1:J1单元格区域，设置表格的字体格式和对齐方式，并根据单元格中的内容调整行高和列宽。

❸ 为A2:J2单元格区域添加"蓝色，个性色1，淡色60%"的底纹，并为A2:J12单元格区域添加所有框线。

❹ 将"Sheet1"工作表重命名为"学生信息登记表"。

实训二 编辑"公司费用支出明细表"表格

【实训要求】

日常工作中经常需要计算各种费用，本实训要求先运用本项目所介绍的知识计算出"公司费用支出明细表"表格中各项费用的合计数，再用合适的底纹突出显示费用类别和合计行数据，最后将该表格打印输出3份。本实训的参考效果如图3-55所示。

素材所在位置 素材文件\项目三\公司费用支出明细表.xlsx
效果所在位置 效果文件\项目三\公司费用支出明细表.xlsx

图3-55 "公司费用支出明细表"表格参考效果

【实训思路】

本实训首先需要运用SUM()函数求出各项费用的合计数，然后再设置表格的字体格式、对齐方式、行高、列宽和底纹颜色等，最后打印输出美化完成的表格。

【步骤提示】

❶ 打开"公司费用支出明细表.xlsx"工作簿，设置表格中的字体格式、对齐方式和单元格格式等。

❷ 在"设置单元格格式"对话框中设置各项费用的金额显示方式为带两位小数的货币形式。

❸ 为表格添加所有框线，并为费用类别和合计行数据添加合适的底纹。

❹ 设置"纸张方向"为"横向"，设置"纸张大小"为默认的"A4"，设置"居中方式"为"水平""垂直"，然后将其打印输出3份。

练习1：制作"出差登记表"表格

出差登记表记录了员工的出差情况，包含出差人姓名、所属部门、出差地、出差日期、出差原因等，其中的出差原因和出差日期关系到员工出差费用的报销，所以需要如实填写。制作"出差登记表"表格时，需要先输入并编辑数据，再美化表格，最后打印输出表格。本练习的参考效果如图3-56所示。

素材所在位置　素材文件\项目三\出差登记表.txt
效果所在位置　效果文件\项目三\出差登记表.xlsx

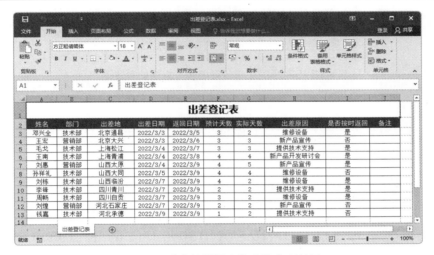

图3-56　"出差登记表"表格参考效果

操作要求如下。

● 新建一个名为"出差登记表"的空白工作簿，将"Sheet1"工作表重命名为"出差登记表"。

● 在A1:J13单元格区域中输入出差人员的相关数据，并调整表格的行高和列宽，使数据完全显示。

● 设置数据的字体格式，为标题文本添加"黑色，文字1，淡色35%"的底纹。

● 设置"纸张方向"为"横向"，设置"纸张大小"为默认的"A4"，设置"居中方式"为"水平"，然后将其打印输出两份。

练习2：编辑"员工绩效考核表"表格

员工绩效考核表适用于一般员工的绩效考核，请根据绩效考核情况确定员工的奖金发放金额。本练习的参考效果如图3-57所示。

素材所在位置　素材文件\项目三\员工绩效考核表.xlsx

效果所在位置　效果文件\项目三\员工绩效考核表.xlsx

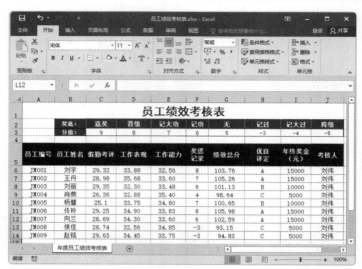

图3-57　"员工绩效考核表"表格参考效果

操作要求如下。

● 打开"员工绩效考核表.xlsx"工作簿，在G6单元格中输入公式"=SUM(C6:F6)"计算绩效总分。

● 在H6单元格中输入公式"=IF(G6>=102,"A",IF(G6>=100,"B","C"))"计算考核的优良评定。

● 在I6单元格中输入公式"=IF(H6="A",15000,IF(H6="B",10000,5000))"计算年终奖金。

技能提升

1. 输入以"0"开头的数字

默认情况下，Excel 表格不显示以"0"开头的数据，若要避免这种情况，可选择要输入如"0101"数字类型的单元格，打开"设置单元格格式"对话框，单击"数字"选项卡，在"分类"列表框中选择"文本"选项，然后单击 确定 按钮；或者先输入一个英文单引号"'"，再输入以"0"开头的数据，将其转换为文本类型的数据。同理，这两种方式也适用于输入 11 位以上的数据，如身份证号码、银行卡号等。

2. 换行显示单元格中的数据

若要换行显示单元格中较长的数据时，可选择已输入长数据的单元格，将文本插入点定位到需要换行显示的位置，然后按【Alt+Enter】组合键；或在【开始】/【对齐方式】组中单击"自动换行"按钮；或打开"设置单元格格式"对话框，单击"对齐"选项卡，在"文本控制"栏中勾选"自动换行"复选框。

3. 快速定位单元格

当需要定位的单元格位置超出了屏幕的显示范围，且数据量较大时，使用鼠标指针定位单元格会十分麻烦，此时就可以使用快捷键来快速定位单元格。

- 按【Ctrl+Home】组合键可快速定位到当前工作表中的A1单元格。
- 按【Ctrl+End】组合键可快速定位到已使用区域右下角的最后一个单元格。
- 按【Ctrl+→】或【Ctrl+←】组合键可快速定位到当前行数据区域的首端或末端单元格；多次按【Ctrl+→】或【Ctrl+←】组合键可快速定位到当前行的末端或首端单元格。
- 按【Ctrl+↑】或【Ctrl+↓】组合键可快速定位到当前列数据区域的首端或末端单元格；多次按【Ctrl+↑】或【Ctrl+↓】组合键可快速定位到当前列的首端或末端单元格。

4. 打印不连续的行或列

如果需要将一张工作表中部分不连续的行或列打印出来，可在按住【Ctrl】键的同时，单击行号或列标，选择不需要打印的多个不连续的行或列，并在其上单击鼠标右键，在弹出的快捷菜单中选择"隐藏"命令，将选择的行或列隐藏起来，然后再执行打印操作。

5. 分页预览打印

分页预览打印是指通过分页预览视图查看和调整打印页面，其方法为：在【视图】/【工作簿视图】组中单击"分页预览"按钮，进入分页预览视图，该视图模式可以显示打印的页数。如果需要调整分页符的位置，可将鼠标指针移至蓝色的分隔线上，当鼠标指针变成双向箭头时，按住鼠标左键并拖曳鼠标指针，如图3-58所示，拖曳到合适位置后释放鼠标左键，即可调整打印的页数，如图3-59所示。

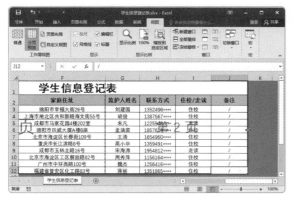

图3-58 分页预览视图

图3-59 调整分页

6. 使用 COUNTIFS() 函数进行统计

COUNTIFS() 函数用于计算区域中满足多个条件的单元格数目，其语法结构为：COUNTIFS(criteria_range1,criteria1,[criteria_range2,criteria2],…)。其中，criteria_range1 是计算关联条件的第一个区域；"criteria1"是数字、表达式或文本形式条件，它定义了单元格统计的范围；"criteria_range2,criteria2"是计算关联条件的 1~127 个区域，每个区域中的单元格必须是数字或包含数字的名称、数组或引用，空值和文本会被忽略。

图 3-60 所示为使用 COUNTIFS() 函数统计每个班级参赛选手分数大于等于 8.5、小于 10 分的人数示例，公式"=COUNTIFS(B3:G3,">=8.5",B3:G3,"<10")"表示计算一班分数大于等于 8.5、小于 10 分的人数。

7. 使用 RANK.AVG() 函数进行排名

RANK.AVG() 函数用于返回一个数字在数字列表中的排名，其语法结构为：RANK.AVG(number,ref,order)。其中，number 是指定的数字，即要查找其排名的数字；ref 是数字列表数组或对数字列表的引用，非数字值将被忽略；order 是指定排名的方式，如果为 0 或省略，则为降序排列，如果是非零数值，则为升序排列。

图 3-61 所示为使用 RANK.AVG() 函数对计算出的大于等于 8.5、小于 10 分的人数进行排名的示例，公式"=RANK.AVG(H3,$H$3:$H$8,0)"表示计算 H3 单元格数值在 $H$3:$H$8 数据区域中的排名。

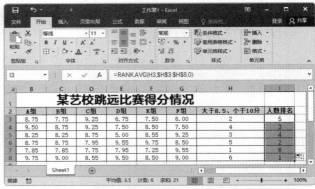

图3-60　使用COUNTIFS()函数进行统计　　　　图3-61　使用RANK.AVG()函数进行排名

项目四
管理并分析表格数据

情景导入

公司食堂新进了一批食材，种类繁多，现希望米拉能够帮忙录入数据，统计入库明细，并对数据进行管理分析和制作报告。

米拉：老洪，公司让我录入食堂新入库的食材数据，并进行简单的管理分析，录入数据我会，但这数据的管理分析又该怎么做呢？

老洪：这并不难，你既可以使用Excel的筛选功能筛选出同种产品，又可以使用分类汇总功能归类同种类别的产品，并计算出它们的购买金额，还可以通过动态图表来分析单个数据或整体数据。

米拉：好的，我明白了，如果遇到不懂的地方，我会再向您请教的。

老洪：没问题。

学习目标

◎ 掌握排序、筛选和分类汇总等数据管理的方法
◎ 掌握创建、编辑与美化图表的方法
◎ 掌握创建与编辑数据透视表、数据透视图的方法
◎ 掌握通过数据透视图筛选、分析数据的方法

技能目标

◎ 管理"产品入库明细表"表格数据
◎ 分析"产品销售额统计表"表格数据
◎ 分析"产品订单统计表"表格数据

任务一　管理"产品入库明细表"表格数据

产品入库明细表反映了企业在一段时间内的产品入库情况，因此在分析产品入库明细表的数据之前，需要先根据各部门的采购申请单输入产品入库的基本信息，再对其进行核对，以保证信息的准确性。

任务目标

米拉在向老洪了解了管理表格数据的方法后，她决定先用排序功能使数据项目变得更加清晰，然后用筛选功能查看目标数据项目，最后用分类汇总功能分类和汇总入库的产品。"产品入库明细表"表格的参考效果如图4-1所示。

素材所在位置　素材文件\项目四\产品入库明细表.xlsx
效果所在位置　效果文件\项目四\产品入库明细表.xlsx

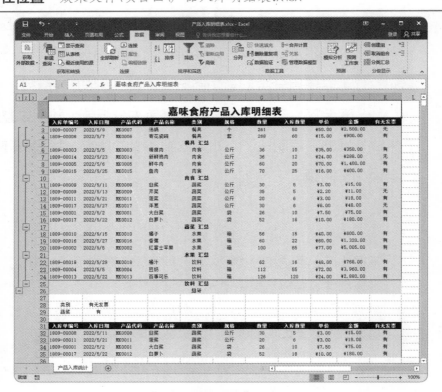

图4-1　"产品入库明细表"表格的参考效果

相关知识

1. 数据排序

数据排序是指将表格中的数据按照某个或某些关键字进行递增或递减排列。Excel有简单排序、按条件排序和自定义排序 3 种方式。

● **简单排序**。选择数据区域中的任意一个单元格，在【数据】/【排序和筛选】组中单击"升序"按钮 或"降序"按钮 ，如果所选单元格所在的行或列中的数据是文本类型的，则按照第一个字的字母先后顺序进行排列；如果所选单元格所在的行或列中的数据是数字类型的，则按照数字的大小进行排列。

● **按条件排序**。选择数据区域中的任意一个单元格，在【数据】/【排序和筛选】组中单击"排序"按钮 ，打开"排序"对话框，在其中可以设置主要条件的列、排序依据和次序。如果主要条件中存在多个重复值，可以通过单击 按钮来添加次要条件，即当主要条件的部分值相同时，系统会按照次要条件继续排序。

● **自定义排序**。在"排序"对话框中设置好主要条件的排序列和排序依据后，在"次序"下拉列表中选择"自定义序列"选项，打开"自定义序列"对话框，在其中的"输入序列"列表框中输入排序顺序，然后单击 按钮，将输入的序列添加到左侧的"自定义系列"列表框中，使系统按照输入的序列顺序进行排序。

2. 数据筛选

数据筛选是指将表格中符合条件的数据筛选出来，而不符合条件的数据将被隐藏。Excel 有自动筛选和高级筛选两种方式。

● **自动筛选**。选择数据区域中的任意一个单元格，在【数据】/【排序和筛选】组中单击"筛选"按钮 ，系统将自动为所选的每个单元格右下角添加一个筛选按钮 ，单击该按钮，即可在打开的下拉列表中选择需要的筛选条件。

● **高级筛选**。在【数据】/【排序和筛选】组中单击"高级"按钮 ，打开"高级筛选"对话框，在其中输入筛选的列表区域和条件区域后，即可筛选出同时满足两个或两个以上条件的数据。

任务实施

1. 自动排序

自动排序是数据排序管理中一种比较基本的排序方式，选择该方式后，系统将自动识别并进行排序。下面以"类别"为依据排序"产品入库明细表 .xlsx"工作簿中的数据，具体操作如下。

① 打开"产品入库明细表 .xlsx"工作簿，选择"产品入库统计"工作表中的 E3 单元格，在【数据】/【排序和筛选】组中单击"升序"按钮 ，如图 4-2 所示。

② 此时工作表中的 E3:E20 单元格区域数据将按首个字母的先后顺序进行排列，且与之对应的数据也将自动进行排列，结果如图 4-3 所示。

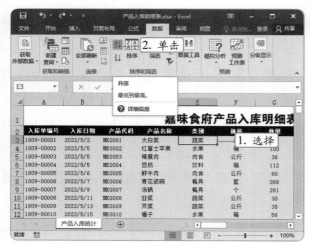

图4-2　单击"升序"按钮

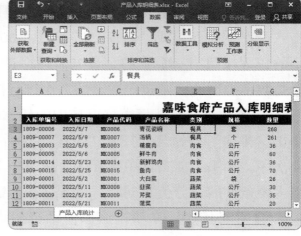

图4-3　自动排序结果

2. 按关键字进行排序

微课视频

按关键字进行排序

按单个关键字排序可以理解为排序某个字段（单列内容），与自动排序方式较为相似，如果需要同时对多列内容进行排序，则可以通过按多个条件排序功能来实现，此时若第一个关键字的数据相同，就按第二个关键字的数据进行排序。下面在"产品入库明细表.xlsx"工作簿中按照"类别"和"入库数量"这两个关键字来排序表中的数据，具体操作如下。

❶　选择数据区域中的任意一个单元格，在【数据】/【排序和筛选】组中单击"排序"按钮，打开"排序"对话框，在"主要关键字"下拉列表中选择"类别"选项，在"排序依据"下拉列表中选择"数值"选项，在"次序"下拉列表中选择"升序"选项，单击 添加条件(A) 按钮，在"次要关键字"下拉列表中选择"入库数量"选项，在"排序依据"下拉列表中选择"数值"选项，在"次序"下拉列表中选择"升序"选项，单击 确定 按钮，如图4-4所示。

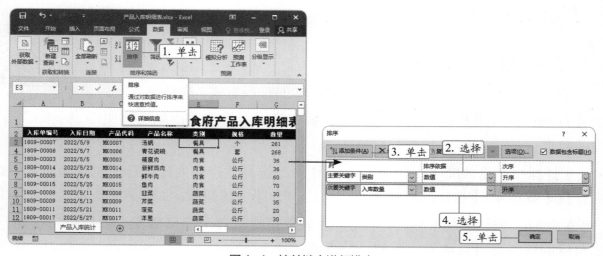

图4-4　按关键字进行排序

❷ 返回工作表后，可看到表中的数据先按"类别"列进行升序排列，再按"入库数量"列进行升序排列，如图 4-5 所示。

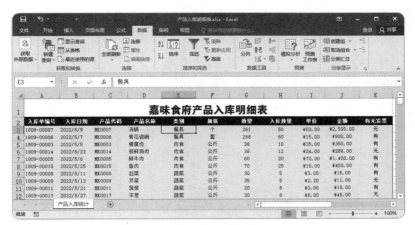

图4-5　关键字排序结果

知识补充

　　使用多条件进行排序时，主要关键字只能有一个，而次要关键字可以有多个，且排序时系统会先按照主要关键字排序，再按照添加次要关键字的先后顺序进行排序。

3. 高级筛选

微课视频

高级筛选

　　当需要筛选出满足两个或两个以上条件的数据时，就可以使用 Excel 的高级筛选功能来实现。下面在"产品入库明细表 .xlsx"工作簿中使用高级筛选功能筛选出类别为"蔬菜"，且有发票的入库产品，具体操作如下。

❶ 在 A22 单元格中输入"类别"，在 B22 单元格中输入"有无发票"，在 A23 单元格中输入"蔬菜"，在 B23 单元格中输入"有"。

❷ 在【数据】/【排序和筛选】组中单击"高级"按钮 ，打开"高级筛选"对话框，在"方式"栏中选中"将筛选结果复制到其他位置"单选项，在"列表区域"参数框中输入"$A$2:$K$20"，在"条件区域"参数框中输入"$A$22:$B$23"，在"复制到"参数框中输入"$A$25"，单击 确定 按钮，如图 4-6 所示。

知识补充

　　使用高级筛选功能时，作为筛选条件的列标题文本必须放在同一行中，且应与数据表格中的列标题文本完全相同。

　　另外，在列标题下方输入条件文本时，如果有多个条件且各条件为"与"关系时（即筛选出来的结果必须同时满足多个条件），则需要将条件文本并排放在同一行中；各条件为"或"关系时（即筛选出来的结果只需要满足其中任意一个条件），则需要将条件放在不同行中。

图4-6　高级筛选

③ 返回工作表后，可看到符合条件的筛选结果已出现在 A25:K29 单元格区域中了，如图 4-7 所示。

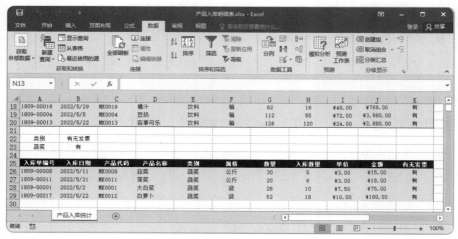

图4-7　高级筛选结果

4．分类汇总

Excel 的数据分类汇总功能可以汇总性质相同的数据，既可以使表格的结构更加清晰，又可以使用户能够更方便地查看表格中的重要信息。下面对"产品入库明细表 .xlsx"工作簿中的数据进行分类汇总，具体操作如下。

① 选择 A2:K20 单元格区域中的任意一个单元格，在【数据】/【分级显示】组中单击"分类汇总"按钮，打开"分类汇总"对话框，在"分类字段"下拉列表中选择"类别"选项，在"汇总方式"下拉列表中选择"求和"选项，在"选定汇总项"列表框中只勾选"金额"复选框，单击 确定 按钮，如图 4-8 所示。

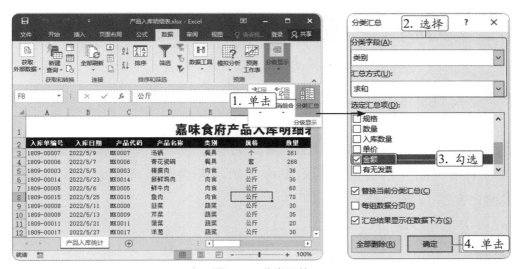

图4-8 分类汇总

2 返回工作表后，即可看到数据分类汇总的结果，如图 4-9 所示，同时还可以看到工作表左上角的分级显示按钮 1 2 3 。若单击其中的 1 级按钮 1 ，则工作表中只显示数据的总计结果；若单击 2 级按钮 2 ，则工作表中只显示各类别的总计结果；若单击 3 级按钮 3 ，则可显示全部的数据。

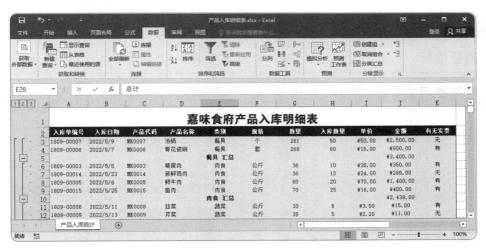

图4-9 分类汇总结果

知识补充

　　如果要汇总多个分类字段，就需要用到多重分类汇总功能，其方法与分类汇总的方法基本相同。但在使用多重分类汇总功能执行第二重分类汇总开始时，必须在"分类汇总"对话框中取消勾选"替换当前分类汇总"复选框，表示当前分类汇总结果不会替换掉前一重分类汇总结果。如果勾选该复选框，则表示当前分类汇总结果会替换掉前一重分类汇总结果，并且只会保留最后一重分类汇总结果。

任务二 分析"产品销售额统计表"表格数据

产品销售额是指纳税人依法销售货物而收取的全部价款和价外费用，这类数据往往很庞大，如果要从中找到需要的数据，会费时费力；而使用图表进行分析，就可以直观地查看企业最近几年销售额较为良好的品牌与月份，以及产品的销售趋势。企业通过这些数据可以对未来产品的销售重点做出安排，如是否继续销售某个品牌，或哪个月份可以存放更多的产品进行售卖等。

 任务目标

近期，与公司合作的几个新客户想知道上半年的产品销售额，并希望能将这些数据制作成动态图表，以便能清楚地知道每个产品的具体销售额，于是公司将这个任务交给了米拉。米拉接到任务后，首先根据销售情况创建了一个图表，对它进行相关的美化操作后，运用数据验证、函数等制作了一个动态图表。"产品销售额统计表"表格的参考效果如图 4-10 所示。

素材所在位置 素材文件\项目四\产品销售额统计表.xlsx
效果所在位置 效果文件\项目四\产品销售额统计表.xlsx

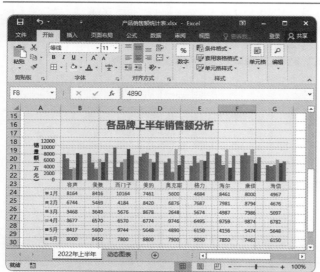 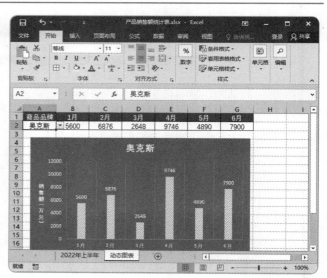

图4-10 "产品销售额统计表"表格的参考效果

职业素养

数据图表的主要作用是传递信息，所以图表应尽量简洁，不要试图在一张图表中展示所有的信息，否则会适得其反。但是，图表中的基本元素必须要有，如坐标轴、图标标题等，若有特殊情况，还需在适当的位置备注文字进行说明。

 **相关知识**

1. 认识图表类型

Excel 为用户提供了多种图表类型，可以将单元格中的数据以各种统计图表的形式展现出来，使数据展示得更加直观。下面介绍 Excel 2016 中的 15 种图表类型。

● **柱形图**。柱形图是一种以长方形的长度为变量的图表，在 Excel 中，柱形图是默认图表类型。柱形图包括簇状柱形图、堆积柱形图、百分比堆积柱形图、三维簇状柱形图、三维堆积柱形图、三维百分比堆积柱形图和三维柱形图 7 种。

● **折线图**。在折线图中，每一个 x 值都有一个 y 值与其对应，就像数学函数一样，折线图常用于表示某一段时期内的数据变化。折线图包括折线图、堆积折线图、百分比堆积折线图、带数据标记的折线图、带标记的堆积折线图、带数据标记的百分比堆积折线图和三维折线图 7 种。

● **饼图**。饼图只能显示单一的数据系列，不能显示更复杂的数据系列，但它更容易被观者理解。饼图包括饼图、三维饼图、复合饼图、复合条饼图和圆环图 5 种。

● **条形图**。条形图通过水平条的长度来表示它所代表的值的大小。条形图包括簇状条形图、堆积条形图、百分比堆积条形图、三维簇状条形图、三维堆积条形图和三维百分比堆积条形图 6 种。

● **面积图**。面积图可表现数据在一段时间内或者一个类型中的相对关系，一个值所占的面积越大，那么它所占的比重就越大。面积图包括面积图、堆积面积图、百分比堆积面积图、三维面积图、三维堆积面积图和三维百分比堆积面积图 6 种。

● **X Y（散点图）**。X Y（散点图）常用于显示多项数据系列中各数值之间的关系。X Y（散点图）包括散点图、带平滑线和数据标记的散点图、带平滑线的散点图、带直线和数据标记的散点图、带直线的散点图、气泡图与三维气泡图 7 种。

● **股价图**。股价图常用于表现股票的价值。股价图包括盘高-盘低-收盘图、开盘-盘高-盘低-收盘图、成交量-盘高-盘低-收盘图和成交量-开盘-盘高-盘低-收盘图 4 种。

● **曲面图**。曲面图可以用二维空间的连续曲线表示数据的走向。面积图包括三维曲面图、三维曲面图（框架图）、曲面图和曲面图（俯视框架图）4 种。

● **雷达图**。雷达图由一个中心点向外辐射，中心是零，各种轴线由中心向外扩散。雷达图包括雷达图、带数据标记的雷达图和填充雷达图 3 种。

● **树状图**。树状图是数据树的图形表示形式，以父子层次结构来组织对象。

● **旭日图**。在旭日图的层次结构中，每个级别都通过圆环表示，离内圆越近代表圆环级别越高，最内层的圆环表示层次结构的顶层。

● **直方图**。直方图是一种由一系列高度不等的纵向条纹或线段来表示数据分布情况的图表。直方图包括直方图和排列图两种。

● **箱形图**。箱形图常用于显示数据的分散情况。

● **瀑布图**。瀑布图主要显示各数值之间的累计关系。

● **组合**。组合由两种或两种以上的图表类型组合而成，可以同时展示多组数据。在选择组合图表类型的情况下，不同类型的图表可以拥有一个共同的横坐标轴和不同的纵坐标轴，可以更好地区分不同的数据类型。

2．了解图表组成

在 Excel 中，图表一般由图表区、绘图区、图表标题、坐标轴、数据系列、数据标签、网格线和图例等部分组成，如图 4-11 所示。

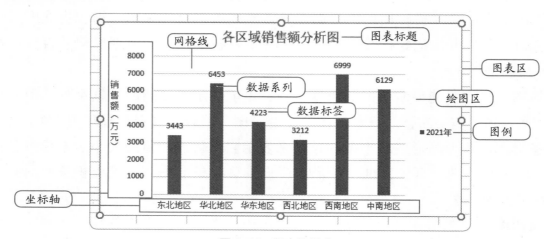

图 4-11　图表的组成

● **图表区**。图表区指图表的整个区域，图表的各组成部分均存放于图表区中。

● **绘图区**。绘图区是指通过横坐标轴和纵坐标轴界定的矩形区域，用于显示图表的数据系列、数据标签和网格线等。

● **图表标题**。图表标题是用于概述图表的作用或目的的文本，可以位于图表上方，也可以覆盖于绘图区中。

● **坐标轴**。坐标轴包含水平轴（又称 x 轴或横坐标轴）和垂直轴（又称 y 轴或纵坐标轴）两种，水平轴常用于显示类别标签，垂直轴常用于显示刻度大小。

● **数据系列**。数据系列是根据用户指定的图表类型以系列的方式显示在图表中的可视化数据。在图表中可以有一组或多组数据系列，多组数据系列之间通常采用不同的图案、颜色或符号来区分。

● **数据标签**。数据标签用于标识数据系列所代表的数值大小，可以位于数据系列外，也可以位于数据系列内部。

● **网格线**。网格线是贯穿绘图区的线条，作为估算数据系列所示值的标准。

● **图例**。图例用于指出图表中不同的数据系列采用的标识方式。

任务实施

1. 创建图表

Excel 提供了多种图表类型，不同的图表类型对应的使用场景不同，用户应根据实际需要选择合适的图表类型。下面根据"产品销售额统计表 .xlsx"工作簿中的数据创建图表，具体操作如下。

① 打开"产品销售额统计表 .xlsx"工作簿，在"2022 年上半年"工作表中选择 A3:G12 单元格区域，在【插入】/【图表】组中单击"插入柱形图或条形图"按钮，在打开的下拉列表中选择"二维柱形图"栏中的"簇状柱形图"选项，如图 4-12 所示。

② 返回工作表后，可以看见创建的柱形图，且功能区中的"图表工具 设计"选项卡和"图表工具 格式"选项卡被激活，如图 4-13 所示。

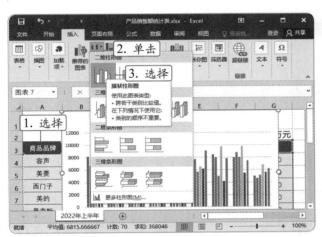
图 4-12 创建图表

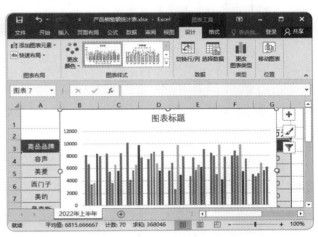
图 4-13 激活选项卡

2. 编辑与美化图表

为了能在工作表中创建出令人满意的图表效果，用户可以编辑图表的位置、大小、类型、格式、布局及图表中的数据并对图表进行美化。下面编辑与美化"产品销售额统计表 .xlsx"表格中的图表，具体操作如下。

① 选择图表，当鼠标指针变成形状时，按住鼠标左键，将图表拖曳至数据区域的下方，并适当调整其大小。

② 选择并双击图表标题，将其修改为"各品牌上半年销售额分析"，并将其字体格式设置为"思源宋体 CN、16、红色、加粗"，如图 4-14 所示。

③ 单击图表中的任意一处，当图表右侧出现图表编辑按钮后，在其中单击"图表元素"按钮，在打开的下拉列表中勾选"坐标轴标题"/"主要纵坐标轴"复选框，系统将自动在图表左侧添加纵坐标轴标题，如图 4-15 所示。

在【图表工具 格式】/【当前所选内容】组中的"图表元素"下拉列表中包含所选图表中的所有元素，选择相应的选项后，即可在图表中精确选择对应的元素。

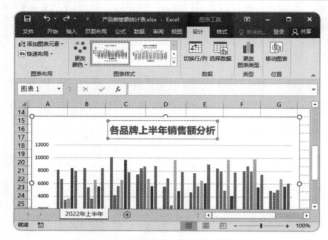

图4-14 修改并设置图表标题

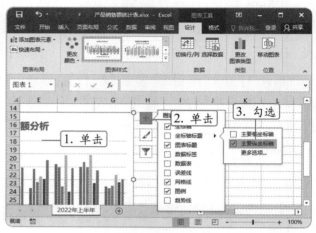

图4-15 添加纵坐标轴标题

④ 选择添加的纵坐标轴标题，将其修改为"销售额（万元）"，单击鼠标右键，在弹出的快捷菜单中选择"设置坐标轴标题格式"命令，如图4-16所示，打开"设置坐标轴标题格式"任务窗格。

⑤ 单击"文本选项"选项卡，单击"文本框"按钮，在"文本框"栏中的"文字方向"下拉列表中选择"堆积"选项，如图4-17所示。

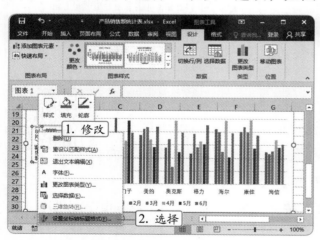

图4-16 选择"设置坐标轴标题格式"命令

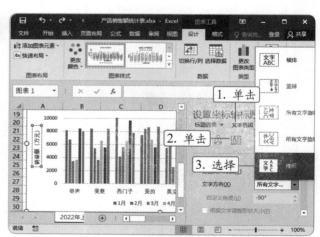

图4-17 设置文字方向

⑥ 设置完成后，单击"设置坐标轴标题格式"任务窗格右上角的"关闭"按钮，关闭该任务窗格。

⑦ 保持纵坐标轴标题处于选中状态，单击鼠标右键，在弹出的快捷菜单中选择"字

体"命令,打开"字体"对话框,单击"字体"选项卡,在"字体样式"下拉列表中选择"加粗"选项,在"大小"数值框中输入"9",单击 确定 按钮,如图 4-18 所示。

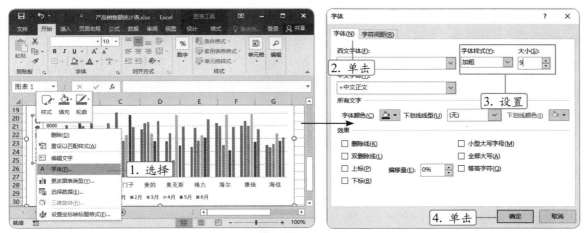

图4-18 设置字体格式

⑧ 选择图表中的任意一处,在【图表工具 设计】/【图表布局】组中单击"快速布局"按钮,在打开的下拉列表中选择"布局 5"选项,如图 4-19 所示。

⑨ 保持图表处于选中状态,单击鼠标右键,在弹出的快捷菜单中选择"设置图表区域格式"命令,打开"设置图表区格式"任务窗格,在"填充"栏中设置"颜色"为"橙色",设置"透明度"为"85%",如图 4-20 所示。

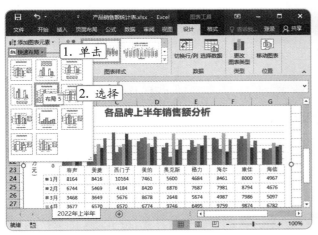

图4-19 更改图表布局

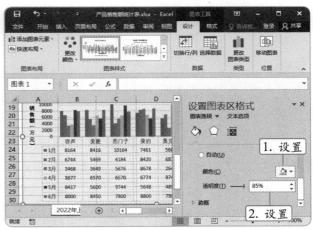

图4-20 设置图表区颜色

3. 制作动态图表

相对普通图表来说,动态图表更能够帮助用户从众多的数据中找到需要的信息,且当数据源发生改变时,动态图表也能发生相应的改变。下面在"产品销售额统计表 .xlsx"工作簿中制作动态图表,具体操作如下。

① 在"2022 年上半年"工作表右侧新建一个名为"动态图表"的新

微课视频

制作动态图表

工作表，将"2022年上半年"工作表中A3:G3单元格区域的内容复制到"动态图表"工作表中的A1:G1单元格区域中。

2 选择A2单元格，在【数据】/【数据工具】组中单击"数据验证"按钮，打开"数据验证"对话框，单击"设置"选项卡，在"允许"下拉列表中选择"序列"选项，将文本插入点定位到"来源"参数框中，单击"2022年上半年"工作表，在其中选择A4:A12单元格区域，单击 确定 按钮，为A2单元格设置数据验证，如图4-21所示。

3 选择B2单元格，在其中输入公式"=VLOOKUP($A$2,'2022年上半年'!$A$3:$G$12,COLUMN(),0)"，将公式向右填充至G2单元格，注意，A2单元格中目前无数值，引用的公式将会出现错误值，所以此时应在A2单元格的下拉列表中选择任意一个品牌名称，后面的数据才会变为正常值，如图4-22所示。

图4-21　设置数据验证

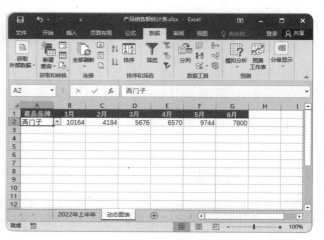

图4-22　输入公式

4 为A1:G2单元格区域添加边框线，并将其对齐方式设置为居中。

5 选择A1:G2单元格区域，插入一个簇状柱形图，并将其移至数据区域的下方。

6 为图表添加横坐标轴标题和纵坐标轴标题，并将其分别修改为"月份"和"销售额（万元）"，设置纵坐标轴标题的文字方向为"堆积"。

7 选择任意一个数据系列，单击鼠标右键，在弹出的快捷菜单中选择"添加数据标签"/"添加数据标签"命令，为图表中的每一个数据系列添加相应的数据标签，如图4-23所示。

8 选择图表，在【图表工具 设计】/【图表样式】组中单击"其他"按钮，在打开的下拉列表中选择"样式14"选项，为图表应用所选样式，如图4-24所示。

9 编辑好图表后，在A2单元格的下拉列表中选择任意一个品牌名称，其右侧的数据会发生相应的改变，图表也会跟随数据而发生改变，如图4-25所示。

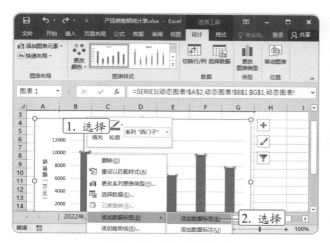

图4-23 添加数据标签

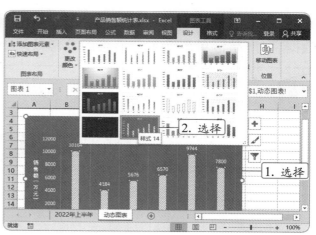

图4-24 应用图表样式

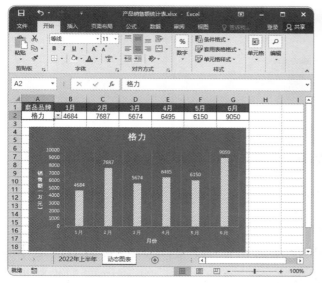

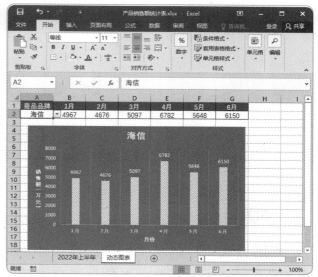

图4-25 动态图表变化效果

任务三 分析"产品订单统计表"表格数据

产品订单统计表主要用于统计企业目前的订单情况，包括产品编号、订购日期、客户姓名、所在城市、订单总额和预付款等信息，可以帮助企业判断以后应该多生产哪类产品、应该在哪一个城市加大产品的生产与投入等。

 **任务目标**

米拉看着庞大的产品订单原始数据，一筹莫展。老洪告诉米拉，在分析这类数据时，可以通过数据透视表基于某项数据进行汇总，与前面介绍的分类汇总功能相比，数据透视表具

有更强大的功能，能够汇总分析更复杂的数据，使数据信息一目了然，能更加直观地表现数据。"产品订单统计表"表格的参考效果如图 4-26 所示。

素材所在位置 素材文件\项目四\产品订单统计表.xlsx
效果所在位置 效果文件\项目四\产品订单统计表.xlsx

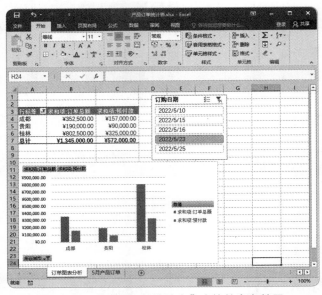

图4-26 "产品订单统计表"表格的参考效果

相关知识

数据透视表可以从不同的层次、不同的角度来分析数据，但是，若要灵活地运用数据透视表，那么就需要掌握数据透视表的定义及各个区域的作用。图 4-27 所示为数据透视表的基本界面。

图4-27 数据透视表的基本界面

● **数据源**。数据透视表是根据数据源提供的数据创建的，数据源既可以与数据透视表存放在同一工作表中，也可以存放在不同的工作表或工作簿中。

● **数据透视表区域**。数据透视表区域用于显示创建的数据透视表，包含筛选字段区域、行字段区域、列字段区域和求值项区域。

● **字段列表框**。字段列表框包含了数据透视表中所需数据的字段，在该列表框中勾选或取消勾选字段标题对应的复选框，可以更改数据透视表中展示的数据。

● **"筛选器"列表框**。该列表框中的字段即报表筛选字段，将在数据透视表的报表筛选区域中显示。

● **"列"列表框**。该列表框中的字段即列字段，将在数据透视表的列字段区域中显示。

● **"行"列表框**。该列表框中的字段即行字段，将在数据透视表的行字段区域中显示。

● **"值"列表框**。该列表框中的字段即值字段，将在数据透视表的求值项区域中显示。

任务实施

1. 创建数据透视表

使用数据透视表分析数据时，需要先根据数据源创建数据透视表，然后再根据需要编辑创建的数据透视表。下面根据"产品订单统计表.xlsx"工作簿中的数据创建数据透视表，具体操作如下。

微课视频
创建数据透视表

❶ 打开"产品订单统计表.xlsx"工作簿，选择"5月产品订单"工作表数据区域中的任意一个单元格，在【插入】/【表格】组中单击"数据透视表"按钮，打开"创建数据透视表"对话框，保持默认设置，单击　确定　按钮，如图4-28所示。

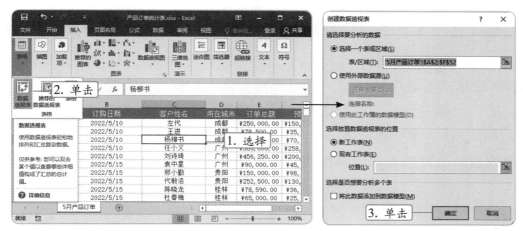

图4-28　创建数据透视表

② 系统将自动在"5月产品订单"工作表左侧新建一个"Sheet2"工作表，并打开"数据透视表字段"任务窗格，将"Sheet2"工作表重命名为"订单图表分析"。

③ 选择"数据透视表字段"任务窗格"字段列表框"中的"所在城市"字段，按住鼠标左键将其拖曳至"行"列表框中，如图4-29所示。

④ 使用同样的方法，将"订单总额"字段和"预付款"字段拖曳至"值"列表框中，如图4-30所示。

图4-29　拖曳字段

图4-30　完成数据透视表的创建

⑤ 单击"数据透视表字段"任务窗格右上角的"关闭"按钮 ✕ ，关闭该任务窗格。

知识补充　　如果不小心关闭了"数据透视表字段"任务窗格，可以在选择数据透视表中的任意一个单元格时，单击【数据透视表工具 分析】/【显示】组中的"字段列表"按钮 ，重新打开该任务窗格；另外，也可以在数据透视表中的任意一个单元格上单击鼠标右键，在弹出的快捷菜单中选择"显示字段列表"命令重新打开该任务窗格。

2. 美化数据透视表

制作完数据透视表后，还需要对其进行美化操作。下面美化"产品订单统计表.xlsx"工作簿"订单图表分析"工作表中的数据透视表，具体操作如下。

微课视频

美化数据透视表

① 选择数据透视表中的任意一个单元格，在【数据透视表工具 设计】/【数据透视表样式】组的列表框中选择"数据透视表样式中等深浅14"选项，如图4-31所示。

② 保持单元格处于选中状态，在【数据透视表工具 设计】/【数据透视表样式选项】组中勾选"镶边列"复选框，为数据透视表添加列边框，如图4-32所示。

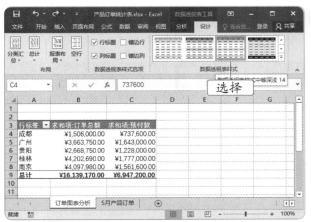

图4-31 选择并应用数据透视表样式

图4-32 设置数据透视表样式选项

3. 通过切片器筛选数据

切片器中包含了一组易于使用的筛选组件，它能根据某个字段分类显示数据透视表中符合条件的数据，是数据透视表中的常用筛选器之一。另外，切片器能提供当前筛选状态的详细信息，从而便于用户轻松、准确地了解数据透视表中显示的、已筛选的内容。下面使用切片器筛选"产品订单统计表.xlsx"工作簿中的数据，具体操作如下。

> **微课视频**
> 通过切片器筛选数据

1 选择数据透视表中的任意一个单元格，在【数据透视表工具 分析】/【筛选】组中单击"插入切片器"按钮，在打开的"插入切片器"对话框中勾选"订购日期"复选框后，单击 **确定** 按钮，如图4-33所示。

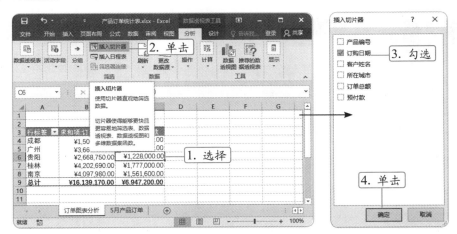

图4-33 插入切片器

知识补充 为数据透视表插入切片器后，系统将自动激活【数据透视表工具 分析】/【筛选】组中的"筛选器连接"按钮，单击该按钮，打开"筛选器连接"对话框，取消勾选某个复选框后，再单击 **确定** 按钮，可断开数据透视表与筛选器的连接。

②　返回工作表后，可以看到切片器中列举了当月所有的订购日期，选择任意一个日期后，数据透视表所显示的数据也会随之更改，如图4-34所示。

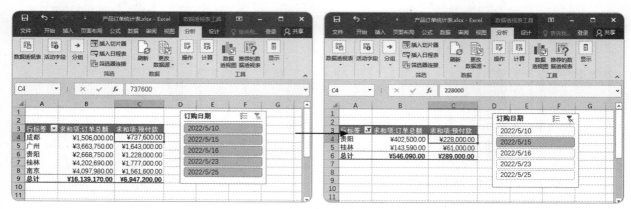

图4-34　通过切片器筛选数据

4．通过数据透视图筛选数据

数据透视图不仅具有数据透视表的交互功能，还具有图表的图示功能，通过它可以直观地查看工作表中的数据，有利于分析与对比数据。下面使用数据透视图筛选"产品订单统计表.xlsx"工作簿中的数据，具体操作如下。

①　选择数据透视表中的任意一个单元格，在【数据透视表工具 分析】/【工具】组中单击"数据透视图"按钮🖼，在打开的"插入图表"对话框左侧单击"柱形图"选项卡，在其右侧选择"簇状柱形图"选项，单击 确定 按钮，如图4-35所示。

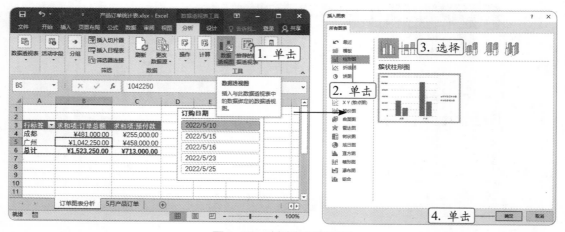

图4-35　创建数据透视图

②　由于使用切片器筛选了数据，所以创建的数据透视图中只有"成都"和"广州"两个城市的数据，此时可按住【Shift】键单击第一个日期和最后一个日期，全选切片器中的日期，回到数据的原始状态，数据透视图也会发生相应的改变。

③　单击图表左下角的"所在城市"按钮，在打开的下拉列表中取消勾选"广州"和"南

京"复选框，单击 ▭ 按钮，在切片器中选择订购日期"2022/5/23"，筛选出 2022 年 5 月 23 日这一天，"成都""贵阳""桂林"的订单总额和预付款，如图 4-36 所示。

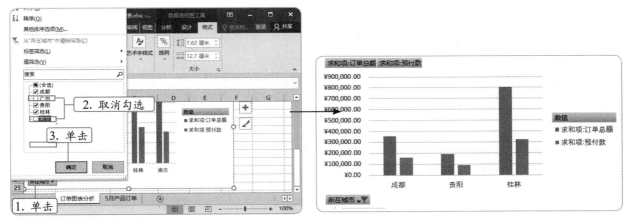

图4-36　查看筛选结果

实训一　统计"学生成绩表"表格数据

【实训要求】

学生成绩表的用途是便于老师了解学生的考试情况，及时发现学生的偏科等问题。因此，在录入和计算学生各项成绩后，还需要借助 Excel 来进行相应的统计分析，包括筛选数据、制作动态图表等。本实训的参考效果如图 4-37 所示。

素材所在位置　素材文件\项目四\学生成绩表.xlsx
效果所在位置　效果文件\项目四\学生成绩表.xlsx

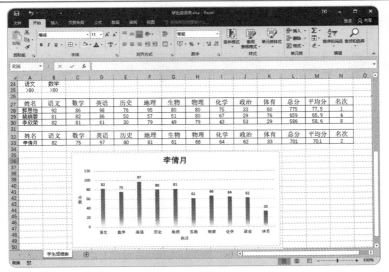

图4-37　"学生成绩表"表格参考效果

【实训思路】

本实训首先需要筛选出符合要求的成绩数据，然后再制作一个动态图表，便于详细查看学生每一科的考试成绩。

【步骤提示】

① 打开"学生成绩表.xlsx"工作簿，在"学生成绩表"工作表中筛选出语文成绩大于 80 分和数学成绩大于 80 分的数据，并将筛选结果放置在原数据区域的下方。

② 将 A2:N2 单元格区域的内容复制粘贴至 A32:N32 单元格区域中，在 A33 单元格中设置数据验证，设置其数据来源为源数据中的姓名。

③ 在 B33 单元格中输入公式"=VLOOKUP($A$33,$A$2:$N$22,COLUMN(),0)"，并将其向右填充至 N33 单元格中。

④ 选择 A32:K33 单元格区域，根据该数据区域插入簇状柱形图，并为插入的图表添加"分数"纵坐标轴标题和"科目"横坐标轴标题。

⑤ 设置"图表样式"为"样式 10"，将图表移至合适的位置。

实训二　分析"员工加班统计表"表格数据

【实训要求】

本实训将通过汇总和分析"员工加班统计表"表格中的数据，查看员工在不同加班类别下的加班时长，并通过图表直观地展示出来。本实训的参考效果如图 4-38 所示。

 素材所在位置　素材文件\项目四\员工加班统计表.xlsx
效果所在位置　效果文件\项目四\员工加班统计表.xlsx

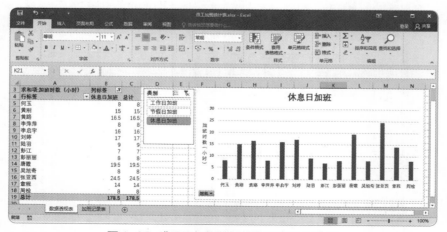

图 4-38　"员工加班统计表"表格参考效果

微课视频

分析"员工加班
统计表"表格数
据

【实训思路】

本实训首先应插入数据透视表，再插入切片器和数据透视图，最后再筛选和展示数据透视表中的数据。

【步骤提示】

 打开"员工加班统计表.xlsx"工作簿，根据"加班记录表"工作表中的数据在新工作表中创建数据透视表。

❷ 插入"类别"切片器，筛选数据透视表中的数据。

❸ 根据数据透视表插入数据透视图，并对其进行编辑和美化。

课后练习

练习1：统计"每月销量分析表"表格数据

下面统计"每月销量分析表"表格数据。在使用图表分析数据时，要注意选择能直观展示相应数据的图表类型，而且每个图表中展示的数据系列不宜过多，这样更便于查看数据。本练习的参考效果如图4-39所示。

素材所在位置 素材文件\项目四\每月销量分析表.txt
效果所在位置 效果文件\项目四\每月销量分析表.xlsx

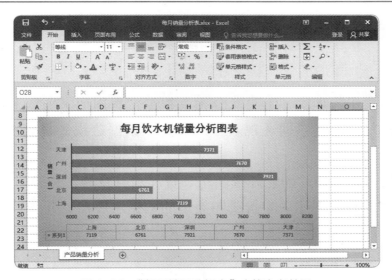

图4-39 "每月销量分析表"表格参考效果

操作要求如下。

● 打开"每月销量分析表.xlsx"工作簿，在按住【Ctrl】键的同时选择A3:A7和N3:N7单元格区域，插入簇状条形图。

● 设置"图表布局"为"布局5"，设置"图表样式"为"样式3"，移动图表至数据源下方。

● 为图表中的数据系列添加数据标签。

练习2：分析"公司费用管理表"表格数据

下面分析"公司费用管理表"表格数据，要求根据"费用记录表"工作表中的数据创建数据透视表，再插入"费用类别"切片器，最后创建数据透视图，并筛选出培训费和水电费的每月费用总额。本练习的参考效果如图4-40所示。

素材所在位置　素材文件\项目四\公司费用管理表.xlsx ．
效果所在位置　效果文件\项目四\公司费用管理表.xlsx

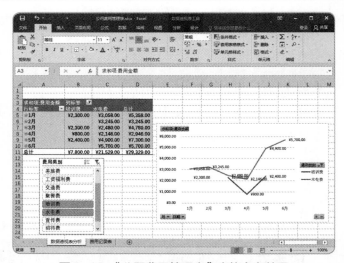

图4-40　"公司费用管理表"表格参考效果

操作要求如下。

● 打开"公司费用管理表.xlsx"工作簿，根据"费用记录表"工作表中的数据创建一个数据透视表，并设置"数据透视表样式"为"数据透视表样式中等深浅13"，勾选"镶边列"复选框。

● 插入"费用类别"切片器，筛选出培训费和水电费的每月费用总计金额。

● 根据筛选出的数据创建一个折线图类型的数据透视图，并为其中的数据系列添加数据标签。

1. 将筛选结果存放到其他工作表中

高级筛选的复制功能只能将筛选结果复制到当前工作表中，如果在"高级筛选"对话框中的"复制到"参数框中输入其他工作表的引用位置，系统将弹出"只能复制筛选过的数据到活动工作表"的提示信息。因此，如需要将筛选结果存放在其他的工作表中，可先新建一个空白工作表，然后在该工作表中执行高级筛选操作，筛选区域和筛选条件引用数据源工作表中的单元格区域即可。

2. 更新或清除数据透视表中的数据

若要更新数据透视表中的数据，可在【数据透视表工具 分析】/【数据】组中单击"刷新"按钮🗐下方的下拉按钮▾，在打开的下拉列表中选择"刷新"或"全部刷新"选项；若要清除数据透视表中的数据，则需在【数据透视表工具 分析】/【操作】组中单击"清除"按钮🗐，在打开的下拉列表中选择"全部清除"选项。此外，更新或清除数据透视图中数据的方法也是如此。

3. 使用迷你图分析数据

迷你图是一种存放于单元格中的小型图表，通常用于分析数据表中某一系列数值的变化趋势，相对图表来说，创建迷你图更加简单。Excel 2016 为用户提供了折线迷你图、柱形迷你图和盈亏迷你图，用户可以根据需要选择合适的迷你图。

选择用于存放迷你图的单个或多个连续的单元格，在【插入】/【迷你图】组中单击迷你图的对应按钮，打开"创建迷你图"对话框，在该对话框中设置好数据范围和位置范围后，单击 确定 按钮，即可根据所选数据区域创建迷你图，如图 4-41 所示。

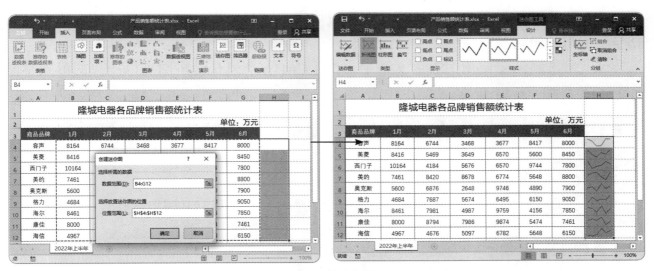

图4-41　创建迷你图

注意，按【Delete】键不能直接删除创建的迷你图，需要先选择迷你图所在的单元格，然后在【迷你图工具 设计】/【分组】组中单击"清除"按钮🖾才能将迷你图删除。

4. 链接图表标题

除了在图表中手动输入图表标题外，还可为图表标题与工作表中的表格标题建立链接，从而提高图表的可读性。链接图表标题的方法为：在图表中选择需要链接的标题，然后在编辑栏中输入"="和需要引用的单元格或单击需要引用的单元格，按【Enter】键。当表格中所链接的单元格中的标题内容发生改变时，图表中的链接标题也将随之发生改变。

5. 更改数据透视表中的值计算方式和值显示方式

选择数据透视表中的任意单元格，单击鼠标右键，在弹出的快捷菜单中选择"值字段设置"命令，打开"值字段设置"对话框，用户可在"值汇总方式"选项卡中设置数据透视表中的值计算方式，可以在"值显示方式"选项卡中设置数据透视表中的值显示方式。

6. 将图表以图片的形式应用到其他文档中

用 Excel 制作的图表可应用于企业工作的各个方面，如将图表复制到 Word 文档或PowerPoint 演示文稿中。但如果直接在 Excel 中复制图表，那么将其粘贴到其他文件中后，图表的外观可能会发生变化，此时就可通过将图表复制为图片的方法来保证图表的显示质量，具体操作方法如下。

（1）选择图表，在【开始】/【剪贴板】组中单击"复制"按钮右侧的下拉按钮，在打开的下拉列表中选择"复制为图片"选项。

（2）打开"复制图片"对话框，在该对话框中选择好图片需要的外观和格式后，单击 确定 按钮，确认复制。

（3）切换到需要使用图表的文档中，按【Ctrl+V】组合键将图表以图片的形式粘贴到文档中，如图 4-42 所示。

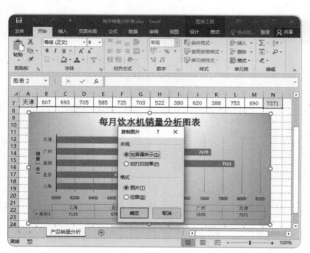
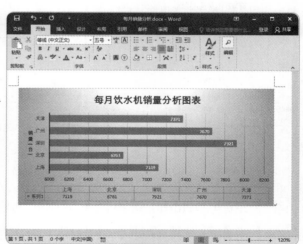

图4-42　将图表以图片的形式应用到Word文档中

项目五

制作并编辑演示文稿

情景导入

在这段时间里，米拉学会了Word文档和Excel表格的制作与编辑，她认为Office三大组件之间有很多的相同点，于是她尝试着制作了一份关于工作总结的演示文稿。

米拉：老洪，这是我制作的工作总结演示文稿，你觉得怎么样？

老洪：米拉，制作演示文稿时，并不是把所有需要的内容、数据等展示出来就可以了，还需要讲究排版布局的美观性，演示文稿要具有设计感，这样才能让人印象深刻，你明白了吗？

米拉：那我回去再修改一下。

老洪：好的，以后有什么问题可以随时来找我。

学习目标

◎ 掌握新建、复制和移动幻灯片的方法
◎ 掌握添加图片、形状、SmartArt图形、表格和图表等元素的方法
◎ 掌握设置幻灯片母版的方法
◎ 掌握为幻灯片添加动画的方法

技能目标

◎ 制作"工作总结"演示文稿
◎ 制作"市场调研报告"母版
◎ 为"竞聘报告"演示文稿添加动画

任务一 制作"工作总结"演示文稿

工作总结可以帮人回顾和分析某一段时间内的工作情况，并帮其从中找出问题，吸取经验教训，以便顺利开展后期的工作。工作总结一般包含工作基本情况、工作问题和改进方案等内容，用户可以根据企业要求和实际情况来撰写工作总结。

 **任务目标**

米拉得到老洪的指导后，她开始反思自己的不足，并在查阅了相关模板后，重新制作了一份工作总结演示文稿，所做的调整包括设置演示文稿主题，在演示文稿中添加图片、SmartArt 图形、形状元素等。"工作总结"演示文稿的参考效果如图 5-1 所示。

 素材所在位置 素材文件\项目五\工作总结\
效果所在位置 效果文件\项目五\工作总结.pptx

图5-1 "工作总结"演示文稿的参考效果

 **相关知识**

1. 认识 PowerPoint 2016 的操作界面

PowerPoint 2016 的操作界面除了包括快速访问工具栏、标题栏、选项卡、功能区、滚动条和状态栏等组成部分外，还包括幻灯片窗格、幻灯片编辑区和备注窗格等，如图 5-2 所示。

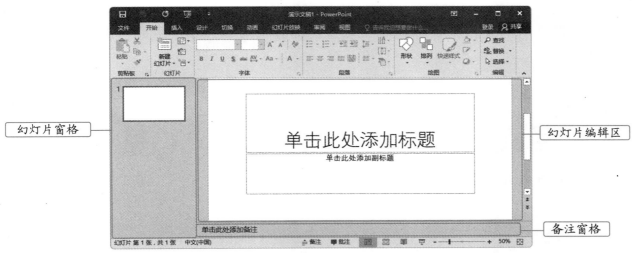

图5-2 PowerPoint 2016的操作界面

● **幻灯片窗格**。幻灯片窗格用于显示当前演示文稿中包含的幻灯片，并且可对幻灯片执行选择、新建、删除、复制、移动等基本操作，但不能对其中的内容进行编辑。

● **幻灯片编辑区**。幻灯片编辑区用于显示或编辑幻灯片中的文本、图片、图形等内容，是制作幻灯片的主要区域。

● **备注窗格**。备注窗格用于为幻灯片添加解释说明等备注信息，便于演讲者在演示幻灯片时查看。在下方的状态栏中单击 备注 按钮，可隐藏备注窗格；隐藏后，再次单击该按钮，可重新显示备注窗格。

演示文稿的新建、打开、保存和关闭等基本操作与 Word 文档、Excel 表格的操作方法相同，在此不再赘述。

知识补充

2. 合并形状

PowerPoint 2016 为用户提供了合并形状功能，通过该功能可以将两个或两个以上的形状合并为一个形状，其中包括联合、组合、拆分、相交和剪除 5 种模式。

● **联合**。联合是指将多个相互重叠或分离的形状结合生成一个新的形状，图5-3所示为合并前的两个形状，图5-4所示为联合形状后的效果。

● **组合**。组合是指将多个相互重叠或分离的形状结合生成一个新的形状，但形状的重合部分将被剪除，如图5-5所示。

● **拆分**。拆分是指将多个形状重合和未重合的部分拆分为多个形状，并且对每个形状都可自由调整其大小、位置和填充效果等，如图5-6所示。

● **相交**。相交是指将多个形状未重叠的部分剪除，得到重叠的部分的形状，如图5-7所示。

● **剪除**。剪除是指将被其他对象覆盖的部分清除掉，然后生成一个新的形状，如图 5-8 所示。

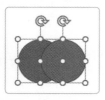

图5-3　合并前的形状

图5-4　联合

图5-5　组合

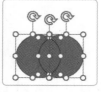

图5-6　拆分

图5-7　相交

图5-8　剪除

任务实施

1. 新建并保存演示文稿

在制作演示文稿前，需要先将其保存在计算机中，以免发生意外情况而导致演示文稿丢失。下面先新建一个空白演示文稿，然后将该演示文稿命名为"工作总结 .pptx"并保存在计算机中，具体操作如下。

❶ 单击"开始"按钮 ⊞，在打开的"开始"列表中选择"PowerPoint 2016"选项，在打开的"新建"界面中选择"空白演示文稿"选项，如图 5-9 所示。

❷ 按【Ctrl+S】组合键打开"另存为"界面，选择"浏览"选项，打开"另存为"对话框，将该演示文稿命名为"工作总结"并保存在计算机中，如图 5-10 所示。

图5-9　新建演示文稿

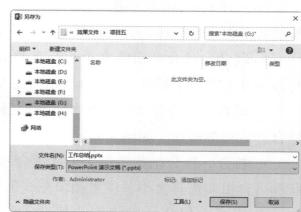

图5-10　保存演示文稿

2. 应用主题

保存完演示文稿后，就可根据要制作的内容来设置演示文稿的主题，搭建并完善演示文稿的结构和整体效果。下面为"工作总结 .pptx"演示文稿应用 PowerPoint 内置的主题，具体操作如下。

微课视频
应用主题

1 在【设计】/【主题】组中单击"其他"按钮，在打开的下拉列表中选择"主要事件"选项，为"工作总结 .pptx"演示文稿应用主题，如图 5-11 所示。

2 返回演示文稿后，可以看见演示文稿的整体效果发生了改变，包括字体、背景等，如图 5-12 所示。

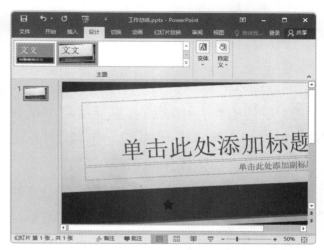

图5-11 选择主题　　　　　　　图5-12 应用主题

知识补充

与 Word 的操作类似，用户可在【设计】/【变体】组中单击"其他"按钮，在打开的下拉列表中分别选择"颜色""字体""效果""背景样式"选项，打开相应的子列表，并在其中更改当前主题的颜色、字体和效果等。

3. 输入并设置文本

文本是演示文稿中的基本内容，也是非常重要的一部分。它可以在幻灯片默认的占位符中输入，也可以设置其字体格式。下面在"工作总结 .pptx"演示文稿中输入文本并设置其格式，具体操作如下。

微课视频
输入并设置文本

1 将文本插入点定位到标题占位符中，当标题占位符中出现闪烁的光标时，在其中输入"2021工作总结"，在副标题占位符中输入"演讲者：米拉"后，按【Enter】键输入"时间：2021/12/25"，如图 5-13 所示。

2 选择标题占位符中的文本，将其字体格式设置为"方正兰亭中粗黑 _GBK、88、加粗"；选择副标题占位符中的文本，将其字体格式设置为"方正兰亭中粗黑 _GBK、24"，如图 5-14 所示。

图5-13　输入文本　　　　　　　　　　　图5-14　设置文本的字体格式

4. 插入并编辑图片

为了使幻灯片中的内容更加丰富，用户可以在需要的幻灯片中插入并编辑相应的图片。下面在"工作总结.pptx"演示文稿中插入图片，并对其进行编辑，具体操作如下。

❶ 在幻灯片窗格中选择第1张幻灯片，按【Enter】键新建一张幻灯片，并删除第2张幻灯片中的标题占位符和内容占位符。

❷ 在【插入】/【图像】组中单击"图片"按钮，打开"插入图片"对话框，选择"书.jpeg"图片后，单击 插入(S) 按钮，如图5-15所示。

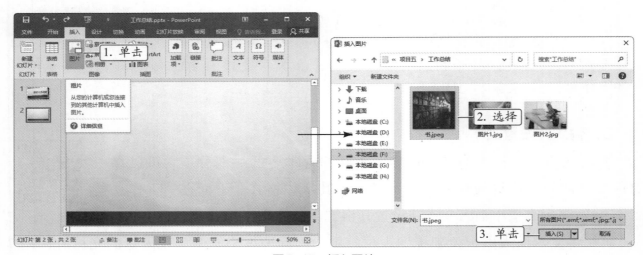

图5-15　插入图片

❸ 此时插入的图片四周有8个控制点，将鼠标指针移至图片右边中间的控制点上，当鼠标指针变成 形状时，按住鼠标左键并向左拖曳鼠标指针至合适位置，释放鼠标左键，然后将该图片移至幻灯片的最左边，如图5-16所示。

图5-16 调整图片大小和位置

5. 绘制并编辑形状

在制作演示文稿时，形状是比较常用的元素之一，它既可以用来表达演示文稿的重点内容，又能够美化幻灯片。下面在"工作总结.pptx"演示文稿中绘制并编辑形状，具体操作如下。

❶ 在【插入】/【插图】组中单击"形状"按钮，在打开的下拉列表中选择"矩形"栏中的"矩形"选项，如图5-17所示。

❷ 此时的鼠标指针将变成＋形状，按住鼠标左键并向右下方拖曳鼠标指针至合适位置处，释放鼠标左键，在幻灯片中绘制一个矩形，如图5-18所示，调整其大小和位置。

图5-17 选择形状

图5-18 绘制形状

❸ 选择绘制的形状，在其上单击鼠标右键，在弹出的快捷菜单中选择"编辑文字"命令，并在形状中输入"目录CONTENT"，其中，将"目录"文本的字体格式设置为"宋体（正文）、49、加粗"，将"CONTENT"文本的字体格式设置为"宋体（正文）、40、加粗"，如图5-19所示。

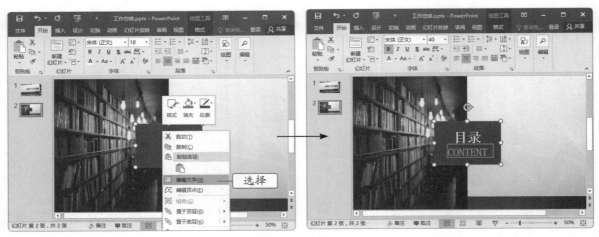

图5-19　编辑文字

④ 在"形状"下拉列表中选择"椭圆"选项，按住【Shift】键在第2张幻灯片右侧绘制一个圆形，接着绘制一个弦形。

⑤ 选择弦形，将鼠标指针移至该形状上方的控制点上，当鼠标指针变成↻形状时，按住鼠标左键并向左拖曳鼠标指针，直至弦形上方的直线与圆形水平相接为止，如图5-20所示。

⑥ 同时选择圆形和弦形，在【绘图工具 格式】/【插入形状】组中单击"合并形状"按钮◎，在打开的下拉列表中选择"剪除"选项，如图5-21所示。

图5-20　旋转形状

图5-21　合并形状

⑦ 选择合并后的形状，在【绘图工具 格式】/【形状样式】组中单击"形状填充"按钮△右侧的下拉按钮▾，在打开的颜色面板中选择"黑色，文字1，淡色25%"选项，并在该组中单击"形状轮廓"按钮△右侧的下拉按钮▾，在打开的下拉列表中选择"无轮廓"选项，如图5-22所示。

⑧ 在合并形状的下方绘制一条直线，并设置其"形状轮廓"为"黑色，文字1，淡色25%"，设置其"粗细"为"2.25磅"，如图5-23所示。

⑨ 选择合并后的形状，在其中输入"01"，并将其字体格式设置为"宋体（正文）、32、加粗"。

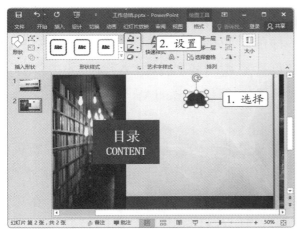

图5-22 设置形状颜色

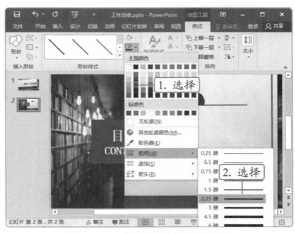

图5-23 设置形状颜色和粗细

6. 绘制并编辑文本框

使用文本框是用户在幻灯片中输入文本的另一种方式，它不拘泥于页面的大小，可以放置在页面的任何位置。下面在"工作总结.pptx"演示文稿中绘制并编辑文本框，具体操作如下。

1 在【插入】/【文本】组中单击"文本框"按钮 下方的下拉按钮，在打开的下拉列表中选择"横排文本框"选项，当鼠标指针变成 形状时，在幻灯片中按住鼠标左键并向右拖曳鼠标指针至合适位置处，释放鼠标左键。

2 在绘制的文本框中输入"工作内容概述"，并将其字体格式设置为"宋体（正文）、28、加粗"。

3 同时选择合并后的形状、直线和文本框，在其上单击鼠标右键，在弹出的快捷菜单中选择"组合"/"组合"命令，如图5-24所示。

4 将合并后的对象复制3次，设置对象中形状、直线的颜色，调整文本内容等，同时选择4个对象，在【绘图工具 格式】/【排列】组中单击"对齐对象"按钮 ，在打开的下拉列表中选择"左对齐"选项，如图5-25所示。

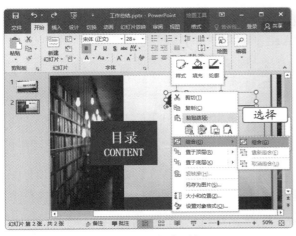

图5-24 组合对象

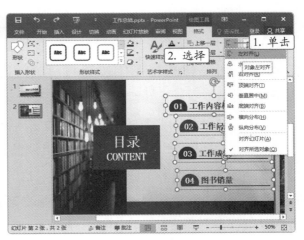

图5-25 设置对齐方式

7. 插入并编辑 SmartArt 图形

微课视频

插入并编辑
SmartArt图形

在制作演示文稿时，有时需要制作各种各样的示意图或流程图，此时用户就可通过 PowerPoint 中的 SmartArt 图形来清楚表明各种事物之间的关系。下面在"工作总结.pptx"演示文稿中插入并编辑 SmartArt 图形，具体操作如下。

① 新建第 3 张幻灯片，在标题占位符中输入"工作内容概述"，并将其移至页面左上角。删除文本占位符，绘制并组合 3 个燕尾形的形状，设置其与标题占位符水平对齐。

② 插入"图片 2"图片，调整图片大小使其宽度与幻灯片宽度保持一致，在【图片工具 格式】/【大小】组中单击"裁剪"按钮 ，当图片四周出现黑色的控制点时，选择图片边框上的控制点，按住鼠标左键并向下拖曳鼠标指针至合适位置处，释放鼠标左键，以去掉图片的多余部分，按照相同的方法去掉图片下方多余的部分，确认裁剪区域后单击"裁剪"按钮，如图 5-26 所示。

③ 在【插入】/【插图】组中单击"插入 SmartArt 图形"按钮 ，打开"选择 SmartArt 图形"对话框，在其中选择"堆叠列表"选项后，单击 确定 按钮，如图 5-27 所示。

图5-26　裁剪图片

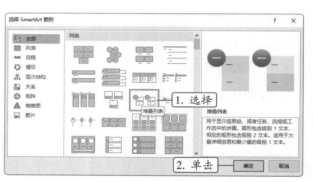

图5-27　选择SmartArt图形

④ 在插入的 SmartArt 图形中输入与工作内容概述相关的内容，并删除多余的形状，选择 SmartArt 图形中的形状"2"，在【SmartArt 工具 设计】/【创建图形】组中单击"添加形状"按钮 右侧的下拉按钮 ，在打开的下拉列表中选择"在后面添加形状"选项，如图 5-28 所示

⑤ 在添加的形状中输入相应的文本后，设置矩形的"形状填充"和"形状轮廓"均为"黑色，文字 1，淡色 25%"，并适当调整 SmartArt 图形的大小和位置，如图 5-29 所示。

⑥ 在幻灯片窗格中选择第 3 张幻灯片，按【Ctrl+C】组合键复制，按【Ctrl+V】组合键粘贴，使其作为第 4 张幻灯片。更改第 4 张幻灯片标题占位符中的文本为"工作问题及改进方案"，删除幻灯片中的形状和 SmartArt 图形，并插入需要的图片、形状和文本框。

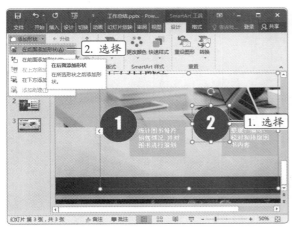

图5-28 添加形状

图5-29 设置形状颜色

7 选择图片，在【图片工具 格式】/【图片样式】组中单击"图片边框"按钮，右侧的下拉按钮，在打开的下拉列表中选择"粗细"/"3 磅"选项，如图 5-30 所示。

8 保持图片处于选中状态，在【图片工具 格式】/【图片样式】组中单击"图片效果"按钮，在打开的下拉列表中选择"阴影"/"外部"/"居中偏移"选项，如图 5-31 所示。

图5-30 设置图片边框

图5-31 设置图片阴影

8. 插入并编辑表格

对幻灯片中的数据信息而言，用户可以通过在其中插入表格来直观展示。下面在"工作总结 .pptx"演示文稿中插入并编辑表格，具体操作如下。

微课视频

插入并编辑表格

1 复制第 4 张幻灯片，将其作为第 5 张幻灯片。更改第 5 张幻灯片标题占位符中的文本为"工作成绩"，删除幻灯片中的图片、形状和文本框。

2 在【插入】/【表格】组中单击"表格"按钮，在打开的下拉列表中用拖曳的方法插入一个 5 行 5 列的表格，如图 5-32 所示。

3 在表格中输入相应的内容后，调整表格的行高和列宽，使其看起来美观、大方，效果如图 5-33 所示。

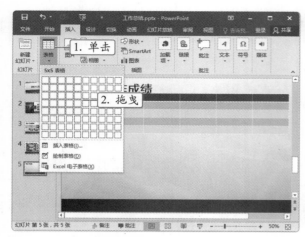

图5-32　插入表格

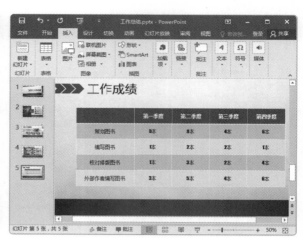

图5-33　表格效果

9. 插入并编辑图表

在幻灯片中除了可以通过表格来展示数据外，还可以通过图表来使数据更具说服力。下面在"工作总结.pptx"演示文稿中插入并编辑图表，具体操作如下。

微课视频

插入并编辑图表

❶ 复制第5张幻灯片，将其作为第6张幻灯片。更改第6张幻灯片标题占位符中的文本为"图书销量"，删除幻灯片中的表格。

❷ 在【插入】/【插图】组中单击"图表"按钮▮▮，打开"插入图表"对话框，在其中选择"簇状柱形图"选项后，系统将自动在幻灯片中插入图表，同时还会打开"Microsoft PowerPoint中的图表"对话框。在该对话框中输入图表需要的数据，如图5-34所示。

❸ 关闭对话框，选择幻灯片中的图表，将标题更改为"2021年图书销量分析"，为图表应用"样式6"图表样式，并为其添加数据标签和纵坐标轴标题。

❹ 调整图表的大小和位置，使其完整地显示在当前幻灯片中，浏览演示文稿的整体效果，完成本任务的制作，效果如图5-35所示。

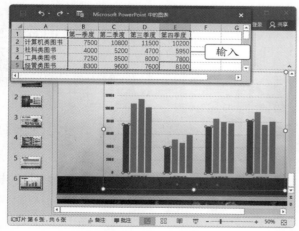

图5-34　插入图表

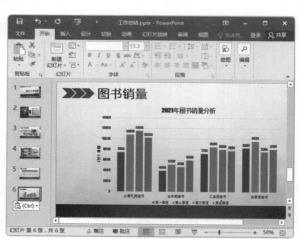

图5-35　图表效果

任务二　　制作"市场调研报告"母版

市场调研报告是用于汇报市场调研情况的演示文稿，它是市场调查报告与市场研究报告的统称，是个人或组织根据特定的决策问题而系统地搜集、记录、整理、分析及研究市场各类信息资料、报告调研结果的工作过程文档，主要由市场调研人员制作。

 **任务目标**

老洪表扬米拉最近的工作都完成得很好。由于公司经常要做市场调研，于是老洪安排米拉尝试制作一个"市场调研报告"母版，以便以后能快速完成编辑操作，提高工作效率。"市场调研报告"母版的参考效果如图5-36所示。

 素材所在位置　素材文件\项目五\市场调研报告
　　　　　　效果所在位置　效果文件\项目五\市场调研报告.pptx

图5-36　"市场调研报告"母版的参考效果

职业素养　　　当用户拥有了某一类型的专用母版后，由于其幻灯片的背景样式、配色、字体搭配等效果都已经设定好，所以后期只需要填充对应的文本、图片等元素即可。同时，对"报告""培训"等类型的演示文稿而言，用户可分别设置不同的母版样式，然后再进行套用。

••• **相关知识**

幻灯片母版用于定义演示文稿中标题幻灯片及正文幻灯片的布局样式，如统一的标志、背景、占位符格式和各级标题文本的格式等。制作幻灯片母版实际上就是在母版视图下设置占位符格式、项目符号、背景、页眉与页脚等，并将其应用到幻灯片中。幻灯片母版视图如图5-37所示。

图5-37　幻灯片母版视图

● **母版幻灯片**。母版幻灯片默认为第1张幻灯片，可称为通用幻灯片，在其中设置的效果将应用到其下方的所有幻灯片中。

● **标题幻灯片**。标题幻灯片默认为第2张幻灯片，用于设置演示文稿中标题幻灯片的布局、结构、格式等。

● **版式幻灯片**。版式幻灯片的设置只对应用该版式的幻灯片有效，如设置的"标题和内容"幻灯片只对应用"标题和内容"版式幻灯片起作用。

PowerPoint 除了为用户提供母版视图外，还提供了另外两种母版，分别是讲义母版和备注母版。其中，讲义母版用于设置幻灯片与讲义内容之间的布局方式，以及讲义区域的文本格式等，包括每页纸上显示的幻灯片数量、讲义方向及页眉和页脚等；而备注母版则用于设置幻灯片的备注内容、备注页方向、幻灯片大小及页眉和页脚信息等。

 任务实施

1. 设置母版背景

微课视频
设置母版背景

若要为所有幻灯片应用统一的背景，那么可在幻灯片母版视图中进行设置，设置的方法与设置单张幻灯片背景的方法类似。下面新建"市场调研报告 .pptx"演示文稿，并设置其母版的背景，具体操作如下。

❶ 新建并保存"市场调研报告 .pptx"演示文稿，在【视图】/【母版视图】组中单击"幻灯片母版"按钮▣，进入幻灯片母版视图，如图 5-38 所示。

❷ 选择第 1 张幻灯片，在【幻灯片母版】/【背景】组中单击"背景样式"按钮▣，在打开的下拉列表中选择"样式 9"选项，如图 5-39 所示。

❸ 绘制一个矩形，设置其"形状填充"和"形状轮廓"均为"蓝色，个性色 5，深色 50%"，再绘制若干个小正方形，并调整其大小、颜色和位置，如图 5-40 所示。

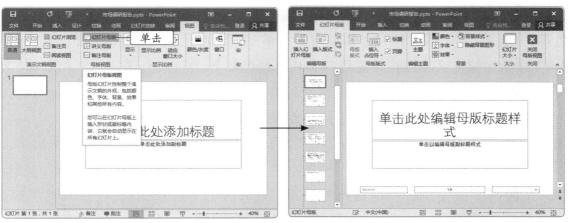

图5-38 进入幻灯片母版视图

图5-39 设置背景样式

图5-40 绘制形状

❹ 插入"图片1"图片，调整其大小后，将其放置于页面的右下角，并设置图片为透明色，在【图片工具 格式】/【排列】组中单击"下移一层"按钮🔳，使橙色的小正方形显示出来，如图 5-41 所示。

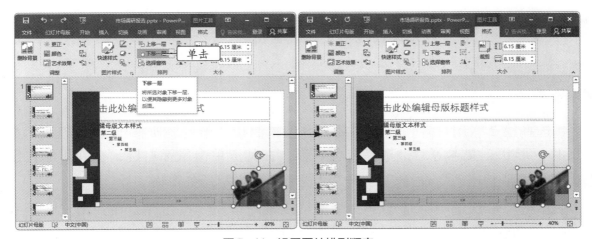

图5-41 设置图片排列顺序

2．设置文本占位符的字体格式

演示文稿中各张幻灯片的占位符是固定的，如果要逐一更改占位符格式，既费时又费力，这时就可以在幻灯片母版中预先设置好各占位符的位置、大小、字体和颜色等，使幻灯片中的占位符都自动应用该格式。下面设置"市场调研报告.pptx"演示文稿中文本占位符的格式，具体操作如下。

微课视频

设置文本占位符
的字体格式

1 选择第一张幻灯片，设置标题占位符的字体格式为"方正兰亭中粗黑 _GBK、40、白色"，然后将其移至绘制的矩形上，单击鼠标右键，在弹出的快捷菜单中选择"置于顶层"/"置于顶层"命令，使该占位符显示出来。

2 调整正文占位符的大小，并设置正文占位符文本的"字体"为"黑体"。在【开始】/【段落】组中单击"项目符号"按钮 右侧的下拉按钮 ，在打开的下拉列表中选择"项目符号和编号"选项，打开"项目符号和编号"对话框。

3 单击"项目符号"选项卡，在下方的列表框中选择"箭头项目符号"选项，设置"颜色"为"蓝色，个性色5，深色50%"，单击 按钮，如图5-42所示。

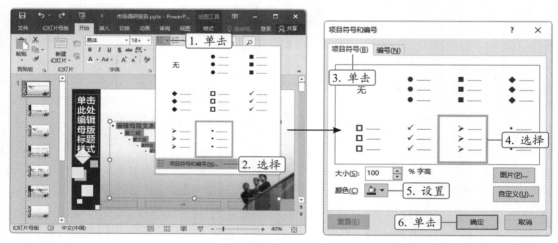

图5-42　设置项目符号

知识补充　在幻灯片母版视图中，设置图片、形状等对象的效果，以及文本的大小、字体、颜色和段落格式等的方法，与在普通视图中进行设置的方法相同，此处便不再赘述。

4 选择第2张幻灯片，在其中插入并编辑制作"市场调研报告.pptx"演示文稿需要的图片、形状、文本等后，选择蓝色矩形，在其上单击鼠标右键，在弹出的快捷菜单中选择"设置形状格式"命令，打开"设置形状格式"任务窗格。

5 单击"形状选项"选项卡，单击"线条与填充"按钮 ，在"填充"栏中选中"渐变填充"单选项，然后分别设置"渐变光圈"的颜色、位置和亮度参数，在"线条"栏中选中"无线条"单选项，使整个页面看起来更加和谐、美观，如图5-43所示。

图5-43　设置形状格式

3．设置页眉和页脚

微课视频

设置页眉和页脚

页眉和页脚的作用是在幻灯片中显示一些附加信息，包括日期、时间、编号和页码等内容，从而使幻灯片看起来更加专业。下面设置"市场调研报告 .pptx"演示文稿中的页眉和页脚，具体操作如下。

❶ 选择第 1 张幻灯片，在【插入】/【文本】组中单击"页眉和页脚"按钮，在打开的"页眉和页脚"对话框中单击"幻灯片"选项卡，勾选"幻灯片编号"和"页脚"复选框，并在"页脚"复选框下方的文本框中输入"欣然科技"，勾选"标题幻灯片中不显示"复选框，使标题幻灯片页不显示页脚和编号内容，单击 全部应用(Y) 按钮，如图 5-44 所示。

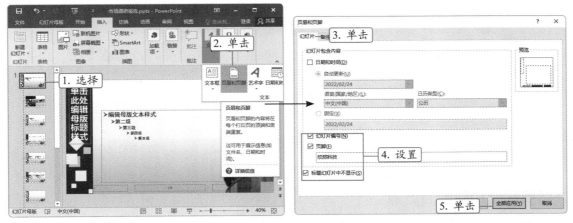

图5-44　设置页脚和编号

❷ 同时选择页脚文本框和编号文本框，将字体格式设置为"黑体、16、白色、加粗"。选择编号文本框，将其移至右侧正方形的中央位置处，并使其位于正方形的上方。

❸ 在【幻灯片母版】/【关闭】组中单击"关闭母版视图"按钮，退出母版视图。

任务三 为"竞聘报告"演示文稿添加动画

竞聘报告又称竞聘演讲稿，是竞聘者为竞聘某个岗位在竞聘会议上向参加会议的人展示的一种文件，其内容主要包括自我介绍、竞聘优势、对竞聘岗位的认识、被聘任后的工作设想等。

 **任务目标**

老洪告诉米拉，演示文稿制作好后，还需要放映演示文稿，以便更好地展示演示文稿的内容，而为了增强展示效果可以为幻灯片中需要强调或关键的对象添加动画，于是米拉开始为"竞聘报告"演示文稿添加动画。"竞聘报告"演示文稿的参考效果如图5-45所示。

 素材所在位置　素材文件\项目五\竞聘报告.pptx
　　　效果所在位置　效果文件\项目五\竞聘报告.pptx

图5-45　"竞聘报告"演示文稿的参考效果

 相关知识

1. 切换动画和动画的区别

切换动画是指幻灯片与幻灯片之间的过渡动画效果，它应用的对象是演示文稿中的幻灯片，而动画则是为幻灯片中的图片、占位符、文本框、形状、SmartArt图形、表格、图表等对象添加的播放动画，针对的是幻灯片中的对象。另外，每张幻灯片只能设置一种切换动画，而幻灯片中的同一对象则可以添加多种动画。

2. 动画类型

PowerPoint 2016为用户提供了进入、强调、退出和动作路径4种动画类型，每种动画类型中又包含多种动画效果，用户可根据需要自行设置。

● **进入动画**。进入动画是指对象进入幻灯片的动作，可以实现对象从无到有、陆续展现的动画效果，如出现、淡出、飞入、浮入、劈裂、擦除等。

● **强调动画**。强调动画是指对象从初始状态变化到另一个状态，再回到初始状态的动画效果，如脉冲、跷跷板、陀螺旋、放大/缩小、对象颜色等。

● **退出动画**。退出动画是指对象从有到无、逐渐消失的动画效果，如消失、淡出、飞出、浮出、缩放、旋转、弹跳等。

● **动作路径动画**。动作路径动画是指对象按照绘制的路径运动的一种高级动画效果，可以实现动画的灵活变化，如直线、弧形、转弯、形状、循环等。另外，用户还可以根据需要自定义动作路径。

任务实施

1. 为幻灯片对象添加动画

为了使制作的演示文稿更加生动，用户可为幻灯片中的对象添加不同的动画，并设置动画的开始时间、持续时间、播放顺序等，从而使幻灯片中各个对象的衔接更加自然。下面为"竞聘报告.pptx"演示文稿中的对象添加动画，具体操作如下。

1 打开"竞聘报告.pptx"演示文稿，在按住【Shift】键的同时选择第1张幻灯片中的形状和"竞聘报告"文本所在的文本框，在【动画】/【动画】组中单击"动画样式"按钮★，在打开的下拉列表的"进入"栏中选择"缩放"选项，此时添加了动画的对象左上角会显示一个数字"1"，表示该动画为本张幻灯片中的第1个动画，如图5-46所示。

> 微课视频
> 为幻灯片对象添加动画

2 选择"销售部副经理：王晓云"文本所在的文本框，为其应用"翻转式由远及近"动画样式，在【动画】/【高级动画】组中单击"添加动画"按钮★，在打开的下拉列表的"强调"栏中选择"画笔颜色"选项，在【动画】/【动画】组中单击"效果选项"按钮 A，在打开的颜色面板中选择"红色"选项，如图5-47所示。

知识补充　为幻灯片中的同一对象添加多个动画效果时，只能一个个地添加，而不能一次性添加多个。另外，从添加第2个动画开始，就必须通过添加动画功能来实现，如果直接在【动画】/【动画】组中选择其他动画，那么系统会替换该对象当前的动画效果。

图5-46　添加缩放动画

图5-47　设置第2个动画

❸　在【动画】/【高级动画】组中单击"动画窗格"按钮，打开"动画窗格"任务窗格，在其中选择"组合5"动画效果选项，按住鼠标左键将其向上拖曳至"文本框7：竞聘报告"动画效果选项上方，当出现红色线段时释放鼠标左键，如图5-48所示。

❹　选择"文本框7：竞聘报告"动画效果选项，在【动画】/【计时】组中的"开始"下拉列表中选择"上一动画之后"选项，在"持续时间"数值框中输入"01.00"，如图5-49所示。

❺　使用同样的方法设置该张幻灯片中其他对象的动画效果，并为其他幻灯片中的对象设置需要的动画效果。

知识补充

"开始"下拉列表中的"单击时"选项表示要单击后才开始播放动画；"与上一动画同时"选项表示该动画将与前一个动画同时播放；"上一动画之后"选项表示该动画将在前一个动画播放完毕后自动播放。

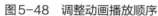

图5-48 调整动画播放顺序

图5-49 设置动画计时

2．为幻灯片设置切换效果

为幻灯片中的各个对象添加动画后，用户还可以进一步设置幻灯片的切换效果，使幻灯片与幻灯片之间的衔接更加连贯。下面在"竞聘报告.pptx"演示文稿中设置幻灯片的切换效果，具体操作如下。

1 选择第 1 张幻灯片，在【切换】/【切换到此幻灯片】组中单击"切换效果"按钮■，在打开的下拉列表的"华丽型"栏中选择"页面卷曲"选项。在【切换】/【切换到此幻灯片】组中单击"效果选项"按钮■，在打开的下拉列表中选择"单右"选项，如图 5-50 所示。

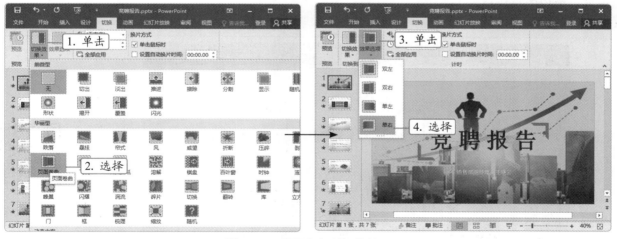

图5-50 设置幻灯片切换效果

2 在【切换】/【计时】组的"声音"下拉列表中选择"风铃"选项，在"持续时间"数值框中输入"01.05"，单击"全部应用"按钮■，为其他幻灯片设置相同的切换动画，如图 5-51 所示。

3 设置好切换效果后，在【切换】/【预览】组中单击"预览"按钮■，预览幻灯片的切换效果，如图 5-52 所示。

图5-51　设置幻灯片切换计时

图5-52　预览切换效果

实训一　制作"员工入职培训"演示文稿

【实训要求】

本实训制作"员工入职培训"演示文稿，主要涉及的操作包括制作母版，添加文本、图片、形状、SmartArt 图形等元素。本实训的参考效果如图 5-53 所示。

| 素材所在位置 | 素材文件\项目五\员工入职培训 |
| 效果所在位置 | 效果文件\项目五\员工入职培训.pptx |

图5-53　"员工入职培训"演示文稿参考效果

微课视频

制作"员工入职培训"演示文稿

【实训思路】

本实训首先需要进入母版视图，在母版视图中确定该演示文稿的整体风格，然后在各张幻灯片中插入并编辑需要的文本、图片、形状、SmartArt 图形等元素。

【步骤提示】

① 新建"员工入职培训.pptx"演示文稿，进入其母版视图，在母版视图中设置文本的字体格式并插入需要的形状。

② 退出母版视图，在各张幻灯片中插入并编辑文本、图片、形状、SmartArt图形等元素。

实训二 为"环保宣传"演示文稿添加动画

【实训要求】

要保护好环境，首先就得大众有环境保护的意识，因此可以制作"环保宣传"演示文稿来增强大众的环保意识。本实训为"环保宣传"演示文稿设置动画效果和动画计时、切换效果和切换计时等，使其演示效果更为生动、形象。本实训的参考效果如图5-54所示。

素材所在位置 素材文件\项目五\环保宣传.pptx
效果所在位置 效果文件\项目五\环保宣传.pptx

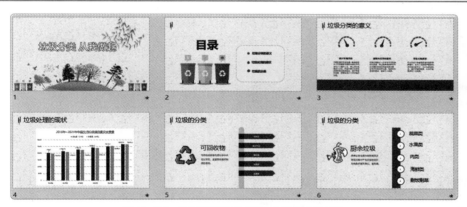

微课视频

为"环保宣传"演示文稿添加动画

图5-54 "环保宣传"演示文稿参考效果

【实训思路】

制作本实训时，可以先为打开的演示文稿设置幻灯片切换效果和切换计时，再为幻灯片中的各个对象设置动画效果和动画计时，最后预览幻灯片整体效果，查看是否有遗漏和需优化的地方。

【步骤提示】

① 打开"环保宣传.pptx"演示文稿，为幻灯片设置合适的切换效果，并将其应用到所有幻灯片中。

② 为幻灯片中的各个对象设置动画效果和动画计时，必要时还可以调整对象的放映顺序。

练习1：编辑"年终销售总结"演示文稿

下面编辑"年终销售总结"演示文稿，要求根据"销售情况统计.xlsx"工作簿、"销售工资统计.xlsx"工作簿中的数据在演示文稿中创建表格和图表。本练习的参考效果如图 5-55 所示。

 素材所在位置　素材文件\项目五\年终销售总结.pptx、销售情况统计.xlsx、销售工资统计.xlsx

效果所在位置　效果文件\项目五\年终销售总结.pptx

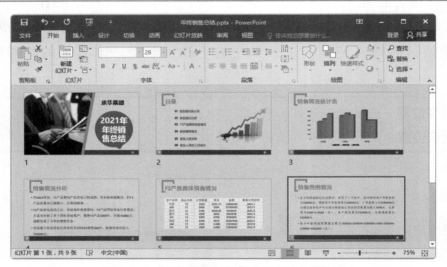

图5-55　"年终销售总结"演示文稿参考效果

操作要求如下。

● 根据"销售情况统计.xlsx"工作簿中"年度销售情况"工作表中的数据，在第3张幻灯片中插入一个三维簇状柱形图，然后设置坐标轴标题和图例等元素的字体格式。

● 根据"销售情况统计.xlsx"工作簿中"F2产品销售情况"工作表中的数据，在第5张幻灯片中插入一个6列9行的表格。

● 根据"销售工资统计.xlsx"工作簿中的数据，在第8张幻灯片中插入"基本工资表"和"提成工作表"表格。

练习2：制作"公司形象宣传"演示文稿

下面制作"公司形象宣传"演示文稿，并为其添加合适的切换效果和动画效果，用于展示公司自身的情况，以吸引更多的投资者及应聘者。本练习的参考效果如图 5-56 所示。

素材所在位置 素材文件\项目五\公司形象宣传
效果所在位置 效果文件\项目五\公司形象宣传.pptx

图5-56 "公司形象宣传"演示文稿参考效果

操作要求如下。

● 新建名为"公司形象宣传"的空白演示文稿，在第1张幻灯片中插入并设置图片、形状和文本框等元素后，将各元素移至适当的位置处。

● 新建第2张幻灯片，在其中插入需要的元素，然后以该张幻灯片为基础，新建多张幻灯片，删除原幻灯片中的元素，并添加相应的新元素。

● 复制粘贴第1张幻灯片至末尾，删除其中多余的元素，将其作为该演示文稿的结束页。

● 为制作完成的演示文稿添加切换效果和动画效果，并为其设置合适的持续时间。

技能提升

1. 将演示文稿保存为模板

在制作演示文稿的过程中，使用模板不仅可以提高效率，还能为演示文稿设置统一的背景、外观，使整个演示文稿风格统一。模板既可以是从网上下载的，也可以是PowerPoint自带的，另外，用户也可将制作完成的演示文稿保存为模板，以供日后使用。将演示文稿保存为模板的方法为：打开制作好的演示文稿，在"另存为"对话框的"文件名"下拉列表框中输入模板的名称，在"保存类型"下拉列表中选择"PowerPoint模板 (*.potx)"选项，单击 保存(S) 按钮。系统会将演示文稿以模板的形式保存在"C(系统盘):\Users\Administrator\文档\自定义 Office 模板"文件夹中。

2. 自定义幻灯片大小

PowerPoint 2016 默认的幻灯片尺寸是宽屏（16:9），如果不能满足需要，用户可自定义幻灯片的大小，其方法为：在【设计】/【自定义】组中单击"幻灯片大小"按钮，在打开的下拉列表中选择"自定义幻灯片大小"选项，打开"幻灯片大小"对话框，在其中设置幻灯片的宽度、高度后，单击 确定 按钮，打开"Microsoft PowerPoint"提示对话框，确认是选择最大化内容大小的方式还是选择按比例缩小以确保适应新幻灯片的方式，如图 5-57 所示。

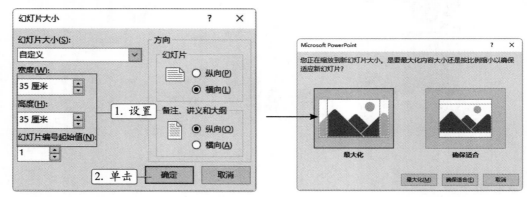

图5-57　自定义幻灯片大小

3. 隐藏幻灯片与显示幻灯片

用户可隐藏不需要放映的幻灯片。隐藏幻灯片的方法为：选择需要隐藏的幻灯片，在【幻灯片放映】/【设置】组中单击"隐藏幻灯片"按钮；或在幻灯片窗格中的对应幻灯片上单击鼠标右键，在弹出的快捷菜单中选择"隐藏幻灯片"命令。

需要显示被隐藏的幻灯片时，单击"隐藏幻灯片"按钮，或再次选择"隐藏幻灯片"命令即可。

4. 更改图表数据源

若是发现幻灯片中图表引用的数据有错误，用户可以通过"选择数据源"对话框进行更改。更改图表数据源的方法为：在幻灯片中选择插入的图表，在【图表工具·设计】/【数据】组中单击"选择数据"按钮，打开"选择数据源"对话框，然后在"图表数据区域"参数框中重新设置图表的数据源。

项目六
添加交互与放映输出

06

情景导入

　　公司近期准备开展一个礼仪培训活动，以规范员工在日常工作中的行为，目前演示文稿已制作好，但米拉在放映过程中却遇到了一些小问题。

米拉：老洪，放映演示文稿时需要注意些什么问题呢？

老洪：在放映演示文稿前，你需要做好相关的准备工作，如是否设置放映计时和添加旁白等，放映时还可以在演示文稿中设置交互，以便更好地控制放映。

米拉：好的，我知道了。

学习目标

○ 掌握在幻灯片中添加音频、视频的方法
○ 掌握通过链接和动作按钮设置交互的方法
○ 掌握放映幻灯片的方法
○ 掌握输出演示文稿的方法

技能目标

○ 为"礼仪培训"演示文稿添加交互功能
○ 放映输出"企业盈利能力分析"演示文稿

任务一　　为"礼仪培训"演示文稿添加交互功能

礼仪培训是指仪容、仪表、仪态等方面的培训，根据活动环境的不同，礼仪可分为商务礼仪、服务礼仪、社交礼仪、政务礼仪、职场礼仪等。礼仪是每一个人必备的基本素养。公司对员工进行礼仪培训，不仅能提高员工自身的素养，增强其与他人沟通交流的能力，还有助于维护企业的形象。因此，礼仪培训对个人和企业都非常重要。

 **任务目标**

米拉了解到，在演示文稿中添加交互功能，能够帮助演讲者在放映演示文稿时，在多个幻灯片之间切换自如。幻灯片中的文本、图像、形状等元素都可以作为交互的对象，而交互一般可通过创建链接或动作按钮来实现。"礼仪培训"演示文稿的参考效果如图 6-1 所示。

素材所在位置　素材文件\项目六\礼仪培训.pptx、轻音乐.mp3、站姿视频.mp4
效果所在位置　效果文件\项目六\礼仪培训.pptx

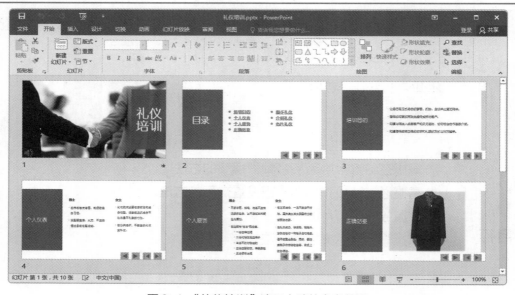

图6-1　"礼仪培训"演示文稿的参考效果

 相关知识

1. 多媒体格式

在演示文稿中，除了可以插入图片、形状、SmartArt 图形、表格、图表等对象外，还可插入音频文件和视频文件。但 PowerPoint 2016 并不支持所有的音频格式和视频格式，所以在插入音频和视频文件之前，需要先了解清楚 PowerPoint 2016 支持哪些音频格式和视频格式，这样才能有针对性地挑选合适的音频文件和视频文件。PowerPoint 2016 支持的音频和视频格式的介绍如下。

● **音频格式**。PowerPoint 2016 支持的音频格式有 ADTS（后缀名 .aac）、AIFF（后缀名 .aiff）、AU（后缀名 .au）、MIDI（后缀名 .midi）、MP3（后缀名 .mp3）、MP4（后缀名 .m4a、.mp4）、WMA（后缀名 .wma）等。

● **视频格式**。PowerPoint 2016 支持的视频格式有 ASF（后缀名 .asf）、AVI（后缀名 .avi）、MOV（后缀名 .mov）、MP4（后缀名 .m4v、.mp4）、WMV（后缀名 .wmv）等。

2. 幻灯片交互设置

在放映幻灯片时，如果希望单击某个对象便能跳转到指定的幻灯片，就需要为幻灯片设置交互。在 PowerPoint 2016 中，幻灯片交互功能主要通过动作按钮、链接和动作来实现。

● **动作按钮**。动作按钮是用于转到下一张幻灯片、上一张幻灯片、开始幻灯片或结束幻灯片等的形状按钮。通过设置动作按钮，就可在放映幻灯片时实现幻灯片之间的跳转。添加动作按钮的方法为：在【插入】/【插图】组中单击"形状"按钮，在打开的下拉列表中选择"动作按钮"栏中某个代表动作的形状，然后在幻灯片中按住鼠标左键并拖曳鼠标指针以进行绘制，绘制完成后释放鼠标左键，系统将自动打开"操作设置"对话框，在该对话框中设置链接位置后，单击 确定 按钮。在放映幻灯片时，单击设置的动作按钮，就可切换到对应的幻灯片。

● **链接**。添加链接也是实现对象与幻灯片或对象与其他文件之间的交互的一种方法。添加链接的方法为：在幻灯片中选择需要添加链接的对象，在【插入】/【链接】组中单击"超链接"按钮，打开"插入超链接"对话框，在"链接到"列表框中选择需要链接到的对象的位置，在右侧设置要链接到的幻灯片、文件或网址等，然后单击 确定 按钮，即可为所选对象创建链接。另外，如果是对文本对象添加的链接，那么添加链接的文本将自动添加下划线，且文本颜色也发生变化。

● **动作**。设置动作可以实现在单击对象或鼠标指针悬停在对象上时，对象与幻灯片或对象与其他文件之间的交互。设置动作的方法为：在幻灯片中选择需要添加动作的对象，在【插入】/【链接】组中单击"动作"按钮，打开"操作设置"对话框，在"单击鼠标"选项卡中选中"超链接到"单选项，在下方的下拉列表中选择动作链接的对象，（如果选择"其他文件"选项，将打开"超链接到其他文件"对话框，在其中选择需要链接的文件后，单击 打开(O) 按钮），然后单击 确定 按钮，即可为所选对象设置动作。放映幻灯片时，单击对象，将打开链接的文件或幻灯片。

任务实施

1. 添加并设置音频文件

编辑好幻灯片后，可为幻灯片添加音频文件，以活跃气氛，或是在放映前先播放音乐。插入计算机中保存的音频文件是添加音频最常用的方式，在为演示文稿的幻灯片添加音频时，首先需要确定添加音频的目的，再在其中插入相应类型的声音文件。下面在"礼仪培训.pptx"演示文稿中插入保存在计算机中的音频，具体操作如下。

① 打开"礼仪培训.pptx"演示文稿，在【插入】/【媒体】组中单击"音频"按钮🔊，在打开的下拉列表中选择"PC上的音频"选项，打开"插入音频"对话框，在其中选择"轻音乐.mp3"文件后，单击 插入(S) 按钮，如图6-2所示。

图6-2　插入PC上的音频

② 插入音频文件后，幻灯片中将显示声音图标和播放控制条，可通过单击控制条中的"播放/暂停"按钮▶来试听。

③ 选择声音图标，将其调整为合适的大小，并移至页面左下角。在【音频工具格式】/【调整】组中单击"颜色"按钮🖼，在打开的下拉列表的"重新着色"栏中选择"灰色-80%，文本颜色2深色"选项，以美化图标样式，如图6-3所示。

④ 保持声音图标处于选中状态，在【音频工具 播放】/【音频选项】组中勾选"跨幻灯片播放"复选框、"循环播放，直到停止"复选框和"放映时隐藏"复选框。在【音频工具 播放】/【音频样式】组中单击"在后台播放"按钮🔊，使幻灯片在放映时能自动播放插入的音频，如图6-4所示。

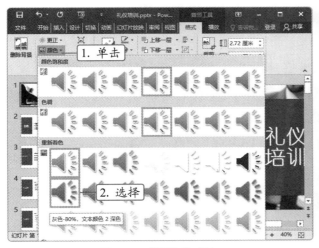

图6-3 设置图标颜色

图6-4 设置音频选项

 知识补充

由于声音文件图标是图片格式的，因此，用户可在图标上单击鼠标右键，在弹出的快捷菜单中选择"设置图片格式"命令，打开"设置图片格式"任务窗格，并在其中美化图标。

2. 添加并设置视频文件

在幻灯片中添加视频能够增强幻灯片的视觉效果，与音频文件相比，视频文件不仅包含声音，还能呈现出画面，其表达效果更加丰富、直观，也更容易被观众理解和接受。下面在"礼仪培训.pptx"演示文稿中插入保存在计算机中的视频，具体操作如下。

微课视频

添加并设置视频文件

1 选择第6张幻灯片，在【插入】/【媒体】组中单击"视频"按钮，在打开的下拉列表中选择"PC上的视频"选项，打开"插入视频文件"对话框，在其中选择"站姿视频.mp4"文件后，单击 插入(S) 按钮，如图6-5所示。

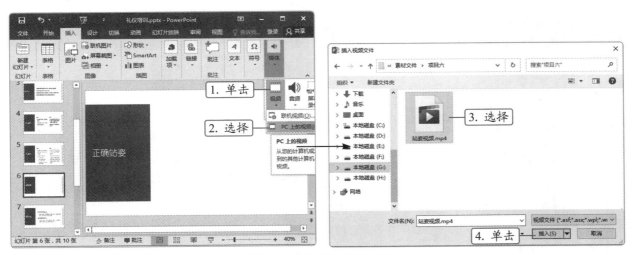

图6-5 插入PC上的视频

② 插入视频文件后，幻灯片中将显示视频文件和播放控制条，可通过单击控制条中的"播放／暂停"按钮▶来查看视频效果。

③ 将插入的视频移至页面的空白处，并调整其大小，使其合理呈现在幻灯片中。

④ 选择视频文件，在【视频工具 播放】/【编辑】组中单击"剪裁视频"按钮，打开"剪裁视频"对话框，在"开始时间"数值框中输入视频的开始时间"00:05.195"，在"结束时间"数值框中输入视频的结束时间"00:36.788"，单击 确定 按钮，如图 6-6 所示。

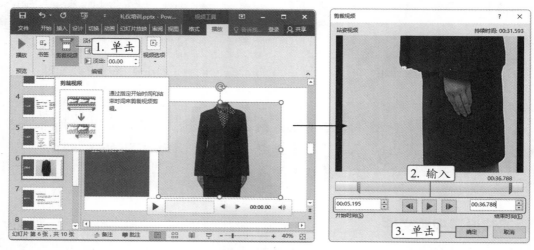

图6-6　剪裁视频

⑤ 返回幻灯片后，可以看到视频文件将从设置的开始时间处开始播放。

⑥ 选择视频文件，在【视频工具 格式】/【视频样式】组中单击"视频样式"按钮在打开的下拉列表的"细微型"栏中选择"柔化边缘矩形"选项，以设置视频的样式，如图 6-7 所示。

⑦ 保持视频文件处于选中状态，在【视频工具 播放】/【视频选项】组中勾选"全屏播放"复选框和"播完返回开头"复选框，如图 6-8 所示。

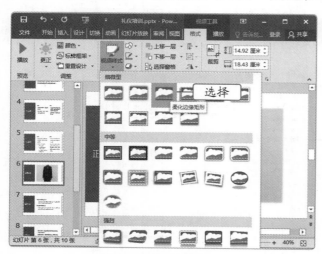

图6-7　设置视频样式

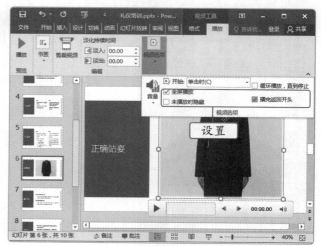

图6-8　设置视频选项

3．创建链接

一些大型的演示文稿内容繁多，信息量很大，所以通常会设计一个目录页，并为目录页的内容添加链接，方便跳转到具体介绍的幻灯片页面。下面为"礼仪培训.pptx"演示文稿的目录页创建链接，具体操作如下。

1 选择第 2 张幻灯片中的"培训目的"文本，在【插入】/【链接】组中单击"超链接"按钮，打开"插入超链接"对话框，在"链接到"列表框中选择"本文档中的位置"选项，在"请选择文档中的位置"列表框中选择"3.培训目的"选项，单击 确定 按钮，如图 6-9 所示。

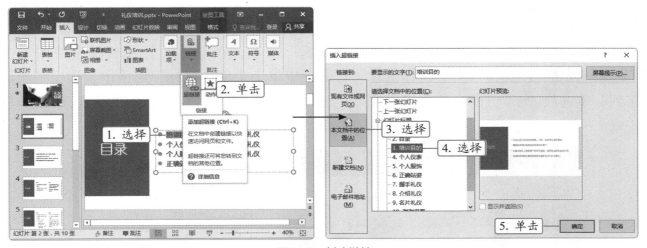

图6-9　创建链接

2 返回幻灯片后，可以发现添加了链接的文本颜色发生了变化，并且还出现了下划线。使用相同的方法为其他文本添加链接。

3 选择"握手礼仪"文本，单击鼠标右键，在弹出的快捷菜单中选择"打开超链接"命令，系统将自动切换到与文本相关联的幻灯片，如图 6-10 所示。

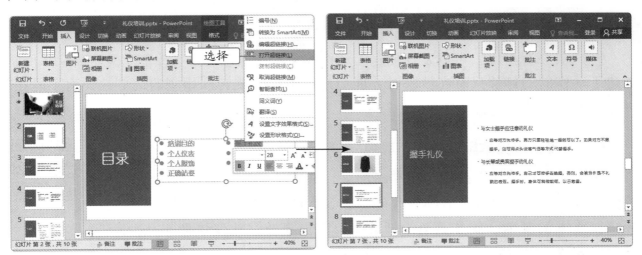

图6-10　打开链接

放映幻灯片时，将鼠标指针移至创建了链接的文本内容上，鼠标指针将变成🖑形状，此时单击即可跳转到链接的幻灯片。

4. 创建动作

在幻灯片中创建动作同样可以实现添加链接的目的，而且动作相比链接能实现更多的跳转和控制功能。下面在"礼仪培训 .pptx"演示文稿中创建动作，具体操作如下。

❶ 选择最后一张幻灯片中的"谢谢观看"文本，在【插入】/【链接】组中单击"动作"按钮★，在打开的"操作设置"对话框中单击"单击鼠标"选项卡，选中"超链接到"单选项，在下方的下拉列表中选择"第一张幻灯片"选项，单击 确定 按钮，如图 6-11 所示。

图6-11　创作动作

❷ 返回幻灯片后，可以发现创建了动作的文本的颜色发生了改变。但需要注意的是，创建了动作的幻灯片只有在放映时才能通过单击操作跳转到相应的幻灯片，而不能在幻灯片编辑区中进行跳转。

5. 更改链接文本默认的显示颜色

为文本内容添加链接后，在单击前后，文本都呈默认显示的颜色，该颜色可能无法与幻灯片的整体效果融合，且无法突出内容，此时就需要更改链接文本的颜色，使其更清晰地显示。下面更改"礼仪培训 .pptx"演示文稿的链接文本的颜色，具体操作如下。

❶ 选择第 2 张幻灯片，在【设计】/【变体】组中单击"其他"按钮⁻，在打开的下拉列表中选择"颜色"/"自定义颜色"选项，打开"新建主题颜色"对话框，在"名称"

文本框中输入"链接"，在"主题颜色"列表框中设置"超链接"的颜色为"橙色，个性色 4"，设置"已访问的超链接"的颜色为"绿色，个性色 3"，单击 保存(S) 按钮，如图 6-12 所示。

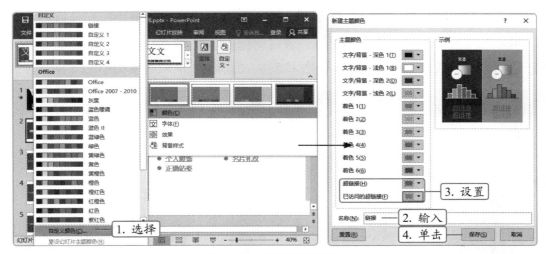

图6-12　自定义链接颜色

❷ 返回幻灯片后，所有的链接文本的颜色都将发生改变，即单击前链接文本为橙色，单击后链接文本为绿色。

6．创建动作按钮

微课视频

创建动作按钮

除了可以通过创建链接和动作来实现幻灯片之间的交互功能外，用户还可为幻灯片中的对象创建动作按钮。下面在"礼仪培训 .pptx"演示文稿中创建动作按钮，具体操作如下。

❶ 选择第 2 张幻灯片，在【插入】/【插图】组中单击"形状"按钮 ，在打开的下拉列表中选择"动作按钮：后退或前一项"选项，在幻灯片中适当位置按住鼠标左键并拖曳鼠标指针，在页面右下角绘制一个动作按钮，如图 6-13 所示。

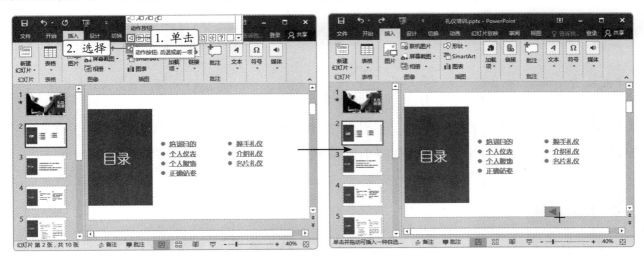

图6-13　绘制动作按钮

② 绘制完成后，系统将自动打开"操作设置"对话框，保持默认设置，单击 确定 按钮。

③ 使用同样的方法绘制"前进或下一项""开始""结束"动作按钮，并分别将其链接到下一张幻灯片、第一张幻灯片和最后一张幻灯片，如图 6-14 所示。

④ 同时选择绘制的 4 个动作按钮，在【绘图工具 格式】/【形状样式】组中设置其"形状填充"和"形状轮廓"均为"灰色 -25%，背景 2"，效果如图 6-15 所示。

图6-14　绘制其他动作按钮　　　　　　图6-15　设置动作按钮颜色

⑤ 将设置完成的 4 个形状复制粘贴至第 3~9 张幻灯片中，实现内容页幻灯片的跳转。浏览幻灯片效果，完成本任务的制作。

知识补充

为保证绘制的每个动作按钮的大小都相等，用户可在【绘图工具格式】/【大小】组中将"高度"和"宽度"值设置为一致；若需要使绘制的动作按钮在同一水平线，则可在【绘图工具 格式】/【排列】组中设置其对齐方式。

任务二　放映输出"企业盈利能力分析"演示文稿

通俗来讲，企业盈利能力就是企业获取利润的能力。利润关系着企业的方方面面，它既是经营者管理能力和经营能力的集中表现，也是职工集体福利设施不断完善的重要保障。所以，对企业来说，对盈利能力的分析至关重要。

任务目标

老洪告诉米拉，演示文稿的放映需要在"幻灯片放映"选项卡中进行，而演示文稿也可以输出为 PDF 文档、视频、图片等格式。"企业盈利能力分析"演示文稿的参考效果如图 6-16 所示。

素材所在位置 素材文件\项目六\企业盈利能力分析.pptx

效果所在位置 效果文件\项目六\企业盈利能力分析.pptx、企业盈利能力分析.pdf、企业盈利能力分析.wmv、演示文稿CD、企业盈利能力分析.png

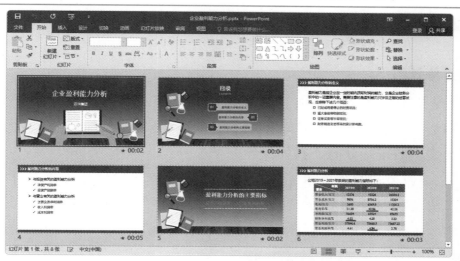

图6-16 "企业盈利能力分析"演示文稿的参考效果

职业素养　投影仪是放映演示文稿的常用工具之一，若使用投影仪放映演示文稿，在放映之前，还需要确保投影仪处于正常工作状态。另外，在使用投影仪放映演示文稿时，需要关闭正对投影仪屏幕的灯光，这是因为幕布通常是白色的，而当外部的光源照射到幕布上时，会影响观众的观感，同时也会导致放映出来的画面不清晰。

💬 相关知识

演示文稿的放映方式有 3 种，分别是演讲者放映（全屏幕）、观众自行浏览（窗口）和在展台浏览（全屏幕）。

● **演讲者放映（全屏幕）**。演讲者放映（全屏幕）是指以全屏幕形式放映幻灯片，它是常用的演示文稿放映方式。在该方式下，演讲者具有对幻灯片放映的完全控制，并可用自动或人工方式来放映幻灯片。同时，演讲者不仅可以暂停幻灯片的放映以添加细节，还可以在放映过程中录下旁白。另外，演讲者在使用该方式时，还可以将幻灯片投射到大屏幕上，用于主持联机会议或广播演示文稿。

● **观众自行浏览（窗口）**。观众自行浏览（窗口）是指以窗口形式放映幻灯片，在该放映方式下，观众可以通过单击来控制放映过程，但不能添加标注等。此放映方式适合在展厅展示的场合下进行。

● **在展台浏览（全屏幕）**。在展台浏览（全屏幕）是指以全屏幕形式自动循环放映幻灯片，在该方式下，大多数的菜单和命令都不可用，观众可以浏览演示文稿的内容，但不能更改演示文稿，并且演示文稿在每次放映完毕后都将自动重新开始放映。此放映方式适合在展览会场或会议中进行。

任务实施

微课视频

设置排练计时

1. 设置排练计时

排练计时是指记录每张幻灯片的放映时长，当演示者再次放映该演示文稿时，系统可以按照排练的时间和顺序进行自动放映。下面设置"企业盈利能力分析 .pptx"演示文稿的排练计时，具体操作如下。

❶ 打开"企业盈利能力分析 .pptx"演示文稿，在【幻灯片放映】/【设置】组中单击"排练计时"按钮，进入该演示文稿的计时状态，同时，系统将自动打开"录制"工具栏，如图 6-17 所示。

图6-17　排练计时

❷ 当前张幻灯片播放完成后，单击或在"录制"工具栏中单击"下一项"按钮➡️，即可切换到下一张幻灯片，且"录制"工具栏中的时间将重新开始，如图 6-18 所示。

❸ 使用相同的方法为其他的幻灯片排练计时。当所有的幻灯片都放映结束后，系统将打开"幻灯片放映共需 0:00:23。是否保留新的幻灯片计时"对话框，单击 是(Y) 按钮保存排练计时，如图 6-19 所示。

知识补充

　　若在"录制"工具栏中单击"暂停录制"按钮∥，可暂停幻灯片的排列计时；若在其中单击"重复"按钮↺，可重新对当前幻灯片进行排列计时。另外，在计时过程中按【Esc】键可退出排列计时。

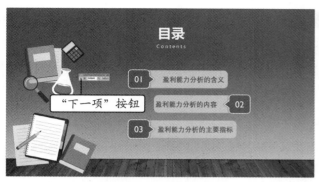

图6-18 继续排练计时

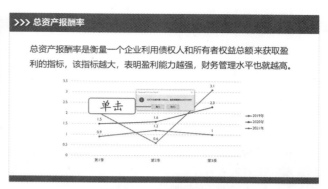

图6-19 保存排练计时

2. 设置放映方式

根据放映目的和场合的不同，演示文稿的放映方式也应不同。一般来讲，设置放映方式包括设置幻灯片的放映类型、放映选项、放映范围及换片方式等。下面设置"企业盈利能力分析.pptx"演示文稿的放映方式，具体操作如下。

微课视频

设置放映方式

1 在【幻灯片放映】/【设置】组中单击"设置幻灯片放映"按钮▣，打开"设置放映方式"对话框，在"放映类型"栏中选中"演讲者放映（全屏幕）"单选项，在"放映选项"栏中勾选"循环放映，按 ESC 键终止"复选框，在"放映幻灯片"栏中选中"全部"单选项，在"换片方式"栏中选中"如果存在排练时间，则使用它"单选项，单击 确定 按钮，如图 6-20 所示。

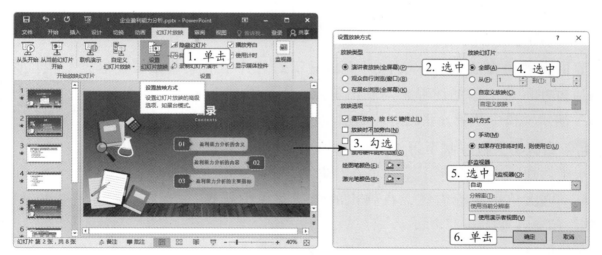

图6-20 设置放映方式

2 放映该演示文稿，可以发现该演示文稿以"演讲者放映（全屏幕）"的方式进行放映。

微课视频

快速定位幻灯片

3. 快速定位幻灯片

默认状态下，演示文稿会以幻灯片的顺序进行放映，但在实际放映过程中，演讲者通常会在任意幻灯片之间进行切换，此时就需要用到快速定位功能。下面在"企业盈利能力分析 .pptx"演示文稿中快速定位其他幻灯片，具体操作如下。

1 在【幻灯片放映】/【开始放映幻灯片】组中单击"从头开始"按钮或按【F5】键，进入幻灯片放映状态，单击鼠标右键，在弹出的快捷菜单中选择"查看所有幻灯片"命令，演讲者即可在打开的窗口中查看演示文稿中的所有幻灯片，如图 6-21 所示。

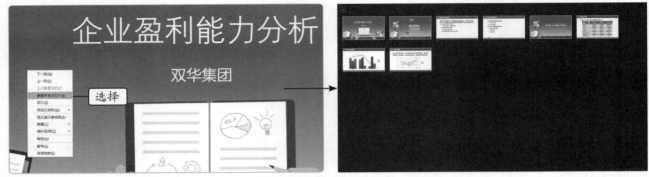

图6-21 查看演示文稿中的所有幻灯片

2 在所有幻灯片中单击想要跳转的幻灯片后，系统将自动放映该幻灯片。

知识补充 在放映幻灯片的过程中，先在数字键盘区输入需要定位的幻灯片编号，再按【Enter】键即可快速切换至相应幻灯片。也可以按空格键切换至下一页，或通过滚动鼠标滚轮切换至上一页或下一页。

4．为幻灯片添加注释

演讲者若想在放映演示文稿时突出显示幻灯片中的某些重要内容，可以通过在屏幕上添加注释来勾勒出重点。下面为"企业盈利能力分析 .pptx"演示文稿中的第 6 张幻灯片添加注释，具体操作如下。

微课视频
为幻灯片添加注释

1 当演示文稿放映至第 6 张幻灯片时，单击鼠标右键，在弹出的快捷菜单中选择"指针选项"/"荧光笔"命令，如图 6-22 所示。

2 再次单击鼠标右键，在弹出的快捷菜单中选择"指针选项"/"墨迹颜色"/"蓝色"命令，如图 6-23 所示。

3 此时鼠标指针将变成形状，圈出重点内容或在需要标注的重点内容下方画横线，如图 6-24 所示。

4 使用同样的方法为其他内容添加注释。若想退出标注状态，可再次选择"指针选项"/"荧光笔"命令。

5 演示文稿放映结束后，按【Esc】键退出放映状态，此时将打开"是否保留墨迹注释"对话框，单击 保留(K) 按钮，如图 6-25 所示，墨迹注释就会显示在幻灯片中。

公司2019 — 2021年反映的盈利能力指标如下：

项目　　时间	2019年	2020年	2021年
营业收入	12536	15326	26504.2
营业成本	9856	8756.2	15304
毛利/百 580		6569.8	11200.2
毛利率/% 选择		42.86	42.26
净利润/百万 684		65524	85655
销售净利润/%	4.52	4.28	3.23

图6-22 选择"荧光笔"命令

公司2019 — 2021年反映的盈利能力指标如下：

项目　　时间	2019年	2020年	2021年
营业收入	12536	15326	26504.2
营业成本	9856	8756.2	15304
毛利/百 580		6569.8	11200.2
毛利率/% 38		42.86	42.26
净利润/百万 68 选择		65524	85655
销售净利润/%	4.52	4.28	3.23

图6-23 选择颜色

公司2019 — 2021年反映的盈利能力指标如下：

项目　　时间	2019年	2020年	2021年
营业收入/百万	12536	15326	26504.2
营业成本/百万	9856	8756.2	15304
毛利/百万	2680	6569.8	11200.2
毛利率/%	21.38	42.86	42.26
净利润/百万	56684	65524	85655
销售净利润/%	4.52	绘制	3.23

图6-24 绘制标注

公司2019 — 2021年反映的盈利能力指标如下：

项目　　时间	2019年	2020年	2021年
营业收入/百万	12536	15326	26504.2
营业成本/百万	9856	8756.2	15304
毛利/百万	2680	569.8	11200.2
毛利率/% 单击	21.38	42.86	42.26
净利润/百万	56684	65524	85655
销售净利润/%	4.52	4.28	3.23

图6-25 保存墨迹注释

5. 将演示文稿导出为 PDF 文件

为了保护幻灯片中的内容不被篡改，用户可以将其导出为 PDF 文件。PDF 是一种常用的电子文件格式，它可以真实地再现原稿中的任何字符、颜色及图像，为用户提供个性化的阅读方式。下面将"企业盈利能力分析 .pptx"演示文稿导出为 PDF 文件，具体操作如下。

微课视频

将演示文稿导出为 PDF 文件

1 选择"文件"/"导出"命令，在打开的"导出"界面中选择"创建 PDF/XPS 文档"选项，在右侧单击"创建 PDF/XPS"按钮，打开"发布为 PDF 或 XPS"对话框，在地址栏中设置文件的保存地址，在"文件名"下拉列表框中保持默认名称，单击 选项(O)... 按钮，如图 6-26 所示。

2 在打开的"选项"对话框的"范围"栏中选中"全部"单选项，在"发布选项"栏中勾选"包括批注和墨迹标注"复选框，单击 确定 按钮，如图 6-27 所示。

3 返回"发布为 PDF 或 XPS"对话框，单击 发布(S) 按钮开始发布。如果计算机中安装有 PDF 阅读器，那么当文件发布完成后，系统将自动用 PDF 阅读器打开发布的文件，用户可在其中通过拖曳右侧的滑块或滚动鼠标滚轮的方式依次查看每张幻灯片的效果，如图 6-28 所示。

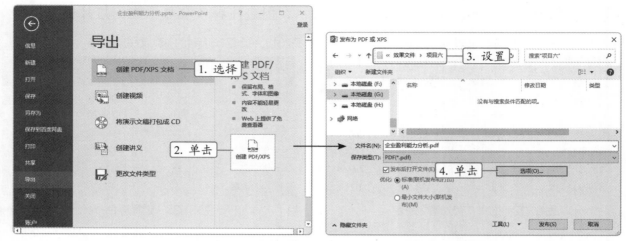

图6-26 将演示文稿导出为PDF文件

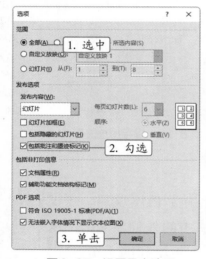

图6-27 设置导出选项

图6-28 查看导出效果

6. 将演示文稿导出为视频

微课视频

将演示文稿导出为视频文件，可使浏览者通过播放器查看演示文稿的内容。下面将"企业盈利能力分析.pptx"演示文稿导出为视频，具体操作如下。

将演示文稿导
出为视频

❶ 选择"文件"/"导出"命令，在打开的"导出"界面中选择"创建视频"选项，在右侧单击"创建视频"按钮，打开"另存为"对话框，在地址栏中设置文件的保存地址，在"保存类型"下拉列表中选择"Windows Media 视频（*.wmv）"选项，单击 保存(S) 按钮，如图6-29所示。

❷ 系统将开始导出视频，导出完成后，用户便可在保存位置双击文件以查看导出的视频文件效果。

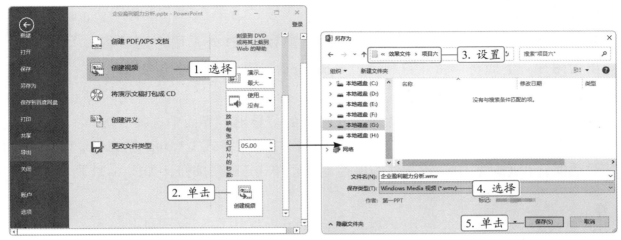

图6-29 将演示文稿导出为视频

7. 将演示文稿导出为CD

由于计算机软件的配置各有不同，若要实现演示文稿的异地播放，则可以将其导出为CD（CD为小型激光盘，是一个用于囊括所有CD媒体格式的一般术语），这样即使其他计算机中没有安装PowerPoint应用程序，也可以正常播放演示文稿。下面将"企业盈利能力分析.pptx"演示文稿导出为CD，具体操作如下。

1 选择"文件"/"导出"命令，在打开的"导出"界面中选择"将演示文稿打包成CD"选项，在右侧单击"打包成CD"按钮 ⊛，打开"打包成CD"对话框，单击 复制到文件夹(F)… 按钮，在打开的"复制到文件夹"对话框中设置好文件夹名称和保存位置后，单击 确定 按钮，如图6-30所示。

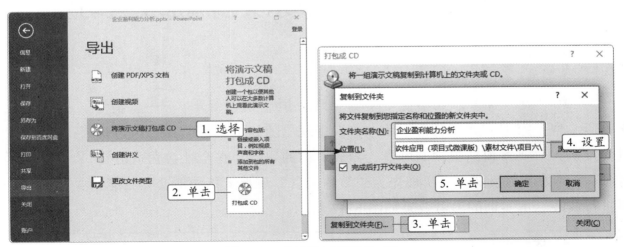

图6-30 将演示文稿导出为CD

2 系统将开始导出CD文件，导出完成后，用户便可在保存位置双击文件以查看导出的CD文件效果。

8．将演示文稿导出为图片

除了可以将演示文稿导出为 PDF 文件、视频、CD 外，用户还可将其导出为图片。下面将"企业盈利能力分析.pptx"演示文稿导出为图片，具体操作如下。

1 选择"文件"/"导出"命令，在打开的"导出"界面中选择"更改文件类型"选项，在右侧选择"PNG 可移植网络图形格式（*.png）"选项，打开"另存为"对话框，在地址栏中设置文件的保存地址，单击 保存(S) 按钮，如图 6-31 所示。

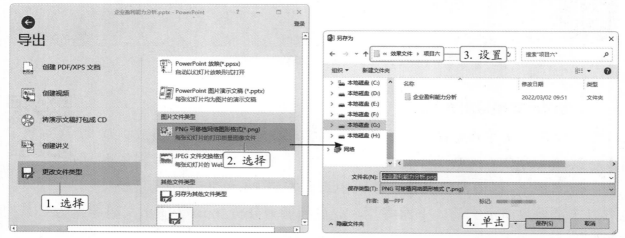

图6-31　将演示文稿导出为图片

2 系统将打开"您希望导出哪些幻灯片"对话框，单击 所有幻灯片(A) 按钮后系统开始导出，导出完成，用户便可在保存位置中查看导出的图片。

实训一　为"节约粮食"演示文稿添加交互功能

【实训要求】

"一粥一饭，当思来处不易；半丝半缕，恒念物力维艰。——［清］朱柏庐《朱子家训》"。在日常生活中，浪费现象随处可见，而我们作为新时代接班人，要意识到粮食的可贵，养成节约的习惯，在全社会营造浪费可耻、节约为荣的氛围。本实训先为"节约粮食"演示文稿添加交互功能，再进行放映。本实训的参考效果如图 6-32 所示。

素材所在位置　素材文件\项目六\节约粮食.pptx
效果所在位置　效果文件\项目六\节约粮食.pptx

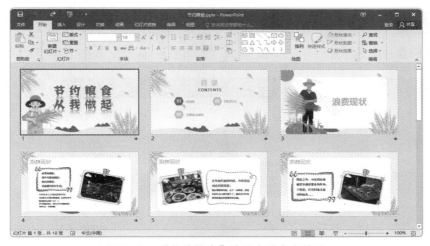

图6-32 "节约粮食"演示文稿参考效果

【实训思路】

本实训需要在目录页为相关内容创建链接，然后在实际放映过程中通过链接控制整个放映过程。

【步骤提示】

❶ 打开"节约粮食.pptx"演示文稿，为第2张幻灯片中的"浪费现状""饥饿无处不在""节约粮食 从我做起"文本创建链接，分别链接到第3张幻灯片、第8张幻灯片和第13张幻灯片。

❷ 设置单击链接前链接文本的颜色为"金色，个性色4"，设置单击链接后链接文本的颜色为"浅绿"。

❸ 按【F5】键从头开始放映幻灯片，放映过程中可通过单击链接跳转和定位幻灯片。

实训二 放映输出"新品上市营销策略"演示文稿

【实训要求】

制作完成的演示文稿大都需要放映输出，此时就需要进行相应的检查和设置，从而顺利实现放映。本实训需要放映输出"新品上市营销策略"演示文稿，在放映前，需要先在"产品宣传"幻灯片中插入视频文件，再设置视频样式和视频选项等。设置完成后，再确定放映的场合，以便进行放映前的设置，最后再将其导出为图片。本实训的参考效果如图6-33所示。

素材所在位置　素材文件\项目六\新品上市营销策略.pptx、宣传视频.wmv

效果所在位置　效果文件\项目六\新品上市营销策略.pptx、新品上市营销策略

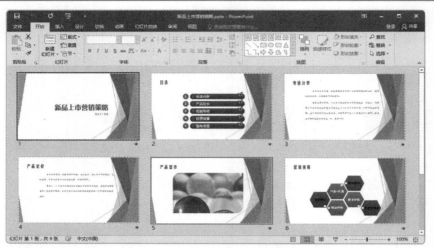

图6-33　"新品上市营销策略"演示文稿参考效果

微课视频

放映输出"新品上市营销策略"演示文稿

【实训思路】

　　本实训首先应在第5张幻灯片中插入计算机中的视频文件，并设置其样式和播放方式，再设置演示文稿的放映方式，最后将演示文稿导出为图片。

【步骤提示】

　　❶ 打开"新品上市营销策略.pptx"演示文稿，在第5张幻灯片中插入"宣传视频.wmv"视频文件，并设置视频样式为"圆形对角，白色"，设置视频选项为"全屏播放、播放完返回开头"。

　　❷ 为演示文稿设置"演讲者放映（全屏幕）"的放映方式。

　　❸ 放映演示文稿，在第9张幻灯片中使用荧光笔为重点内容添加注释。

　　❹ 放映完毕后退出放映状态，并将演示文稿中的所有幻灯片导出为图片。

 课后练习

练习1：为"业务员素质培训"演示文稿添加交互功能

　　本练习需为"业务员素质培训"演示文稿添加交互功能，要求根据目录页的内容创建相应的链接，再为内容页添加动作按钮。本练习的参考效果如图6-34所示。

素材所在位置　素材文件\项目六\业务员素质培训.pptx

效果所在位置　效果文件\项目六\业务员素质培训.pptx

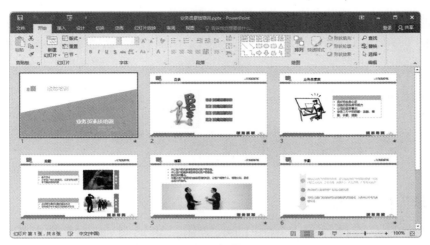

图6-34 "业务员素质培训"演示文稿参考效果

操作要求如下。

● 打开"业务员素质培训.pptx"演示文稿，在第2张幻灯片中为目录标题文本设置链接，分别将其链接到对应的幻灯片。

● 在第2张幻灯片右下角绘制后退或前一项、前进或下一项、开始和结束动作按钮，并为其应用"彩色填充-绿色，强调颜色6"的形状样式。

● 将绘制的4个动作按钮复制粘贴至第3～7张幻灯片中。

练习2：放映输出"楼盘投资策划书"演示文稿

本练习需为"楼盘投资策划书"演示文稿设置排练计时，并将其输出为视频。本练习的参考效果如图 6-35 所示。

素材所在位置 素材文件\项目六\楼盘投资策划书.pptx

效果所在位置 效果文件\项目六\楼盘投资策划书.pptx、楼盘投资策划书.mp4

图6-35 "楼盘投资策划书"演示文稿参考效果

操作要求如下。

● 打开"楼盘投资策划书.pptx"演示文稿，确保切换动画和动画效果流畅且无误后，设置排练计时。

● 将演示文稿导出为视频文件。

技能提升

1. 用"显示"代替"放映"

放映演示文稿的一般操作是先打开演示文稿，再通过命令或单击按钮来进入放映状态，但这对于讲究效率的演讲者来说稍显麻烦，此时可以用"显示"来代替"放映"，以达到快速放映演示文稿的目的。用"显示"代替"放映"的方法为：在需要放映的演示文稿文件上单击鼠标右键，在弹出的快捷菜单中选择"显示"命令，从头开始放映该演示文稿。

2. 更改视频封面

在幻灯片中插入视频文件后，其视频图标上的画面将显示视频中的第一个场景，为了让幻灯片整体效果更加美观，用户可以将视频图标的显示画面更改为视频中的某一帧画面或其他图片。更改视频图标封面的方法为：选择视频文件，先将视频播放到需要作为封面的那一帧，然后在【视频工具 格式】/【调整】组中单击"标牌框架"按钮，在打开的下拉列表中选择"当前框架"选项，将该帧作为视频文件的封面，如图6-36所示。

另外，若是在"标牌框架"下拉列表中选择"文件中的图像"选项，系统将打开"插入图片"对话框，在其中选择需要的图片后，即可将所选图片作为视频文件的封面，如图6-37所示。

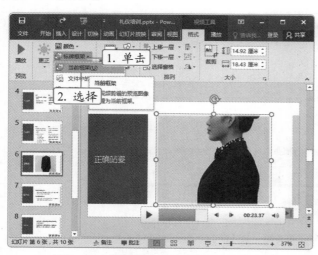
图6-36　将视频中的某一帧作为视频封面

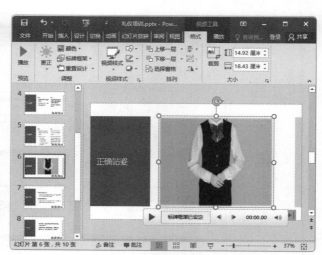
图6-37　将其他图片作为视频封面

项目七

Office移动办公与协同办公

情景导入

　　公司休假期间，领导紧急通知米拉制作一份"会议通知"文档，通知公司销售部的同事在周三下午准时参加会议。但米拉没有把电脑带在身边，于是她问老洪能不能帮她做一份。

米拉：老洪，你带电脑了吗，可以帮我做一份"会议通知"文档吗？

老洪：我也没有带电脑，不过我可以在手机端制作。

米拉：手机端也可以制作Word文档吗？

老洪：当然可以了，在手机端运用Microsoft Word不仅可以编辑文档，还可以通过微信将它发送给其他人。

米拉：我知道了，那我自己在手机端制作吧，这样还能提高一下我的办公技能。

老洪：好样的，就是要有这种学习精神。

学习目标

○ 掌握在手机端制作文档的方法
○ 掌握将文档内容插入演示文稿中的方法
○ 掌握在幻灯片中导入Excel表格的方法

技能目标

○ 在手机端编辑"会议通知"文档
○ 协同制作"年终工作总结"演示文稿

任务一　　在手机端编辑"会议通知"文档

会议通知是上级对下级、组织对成员部署工作、传达事情或召开会议等使用的应用文。通知可以以布告形式贴出，目的是把事情通知到有关人员，如学生、观众等，通常不用称呼；通知也可以以书信的形式发送给有关人员。会议通知的写作形式同普通书信一样，写明通知的具体内容即可。"通知"一般由标题、主送单位（受文对象）、正文和落款4部分组成。

 **任务目标**

米拉需根据会议的主题制作好会议通知文档，并将它保存到 OneDrive 上，且需在手机端通过 Word 的共享功能将该文档发送给相关的人员。"会议通知"文档的参考效果如图 7-1 所示。

 素材所在位置　素材文件\项目七\会议通知.txt
效果所在位置　效果文件\项目七\会议通知.docx

图7-1　"会议通知"文档的参考效果

 **相关知识**

1. 认识 Office 的相关 App

Office 移动端的 App（Application，应用程序）有 Microsoft Word、Microsoft Excel

和 Microsoft PowerPoint，它们可分别用于制作、查看和编辑 Word 文档、Excel 表格和演示文稿等，且不受时间和地域的限制。

● **Microsoft Word**。该App是Office办公软件Word的应用，它提供了开始、插入、绘图、布局、审阅和视图等选项卡，不仅可以设置文档内容的格式，还可以在文档中插入表格、图片、形状、文本框、链接、批注、页眉与页脚、公式、脚注和尾注等内容。另外，使用它也可以设置文档的页面布局，以及检查和修订文档内容等。图7-2所示为Microsoft Word的工作界面。

● **Microsoft Excel**。该App是Office办公软件Excel的应用，使用它可以快速、轻松地创建、查看、编辑和共享文件。它同样具备使用公式计算和使用图表分析数据的能力。图7-3所示为Microsoft Excel的工作界面。

● **Microsoft PowerPoint**。该App是Office办公软件PowerPoint的应用，使用它不仅可以编辑演示文稿、添加墨迹批注、查看演讲者备注，甚至还可以随时更改页面布局和主题风格。图7-4所示为Microsoft PowerPoint的工作界面。

图7-2 Microsoft Word的工作界面

图7-3 Microsoft Excel的工作界面

图7-4 Microsoft PowerPoint的工作界面

2. OneDrive 在办公中的应用

OneDrive 是一个云存储服务，用于在线存储图片、文档等，还可以与他人共享文件，并且所有用户都可以从任意计算机、平板或手机中进行访问。OneDrive 与 Office 办公软件的结合，不仅可以让用户在线创建、编辑和共享文档，而且可以和本地的文档编辑进行任意切换，甚至还可以让用户与他人共同编辑和制作同一个文档。

另外，在线编辑的文件是实时保存的，可以避免本地编辑时设备宕机造成的文件内容丢失，从而提高了文件内容的安全性，因此，OneDrive 在日常办公中的使用比较多。

但若要使用 OneDrive 存储内容，则必须先登录 Microsoft 账户，然后才能进行保存、查看和编辑等操作。

任务实施

1. 在手机端制作"会议通知"文档

拟好"会议通知"文档的草稿后，就可以将其输入 Microsoft Word 中，并设置其字体格式与段落格式了。下面在手机端制作"会议通知"文档，具体操作如下。

❶ 在手机上下载并安装 Microsoft Word，点击图标，启动该 App，如图 7-5 所示。

❷ 在打开的"最近"界面中点击"新建"按钮，打开"新建"界面，选择"空白文档"选项，如图 7-6 所示。

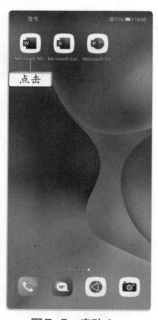

图7-5　启动App

图7-6　新建空白文档

知识补充

在"新建"界面中向上滑动，可显示出 Microsoft Word 提供的带内容的模板，点击需要的模板后，即可根据当前选择的模板创建 Word 文档。

❸ 系统将新建一个空白文档，在文本插入点处输入"会议通知 .txt"文本文档中的内容，如图 7-7 所示。

❹ 全选文本，点击键盘右上方的按钮，隐藏键盘，选择"开始"选项卡下的"等线"选项，在打开的"字体"下拉列表中选择"宋体"选项，如图 7-8 所示。

图7-7 输入文本

图7-8 设置字体

⑤ 选择"会议通知"文本，设置其字号为"20"，点击"加粗"按钮**B**加粗文本，如图 7-9 所示。

⑥ 向上滑动界面，点击"居中"按钮☰，使文本居中显示，如图 7-10 所示。

⑦ 选择最后两段文本，点击"右对齐"按钮☰，使文本居右侧显示，如图 7-11 所示。

图7-9 设置字体格式

图7-10 居中文本

图7-11 右对齐文本

⑧ 将"一、会议时间""二、会议地点""三、主持人""四、参会人员""五、会议内容"加粗显示。

⑨ 选择除标题文本、受文对象文本和落款文本以外的所有文本，选择"段落格式"选项，在打开的"段落"下拉列表中选择"特殊缩进"选项，在打开的"特殊缩进"下拉列表中选择"首行"选项，如图 7-12 所示。

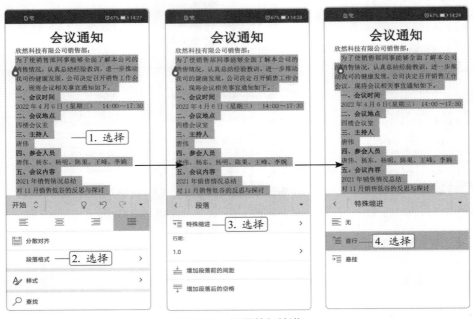

图7-12 设置首行缩进

⑩ 在"段落"下拉列表中选择"行距"选项，在打开的"行距"下拉列表中选择"1.15"选项，如图 7-13 所示。

⑪ 选择"五、会议内容"下方的文本，选择"项目符号"选项，在打开的"项目符号"下拉列表中选择"菱形"选项，如图 7-14 所示。

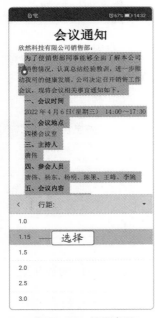

图7-13 设置行距

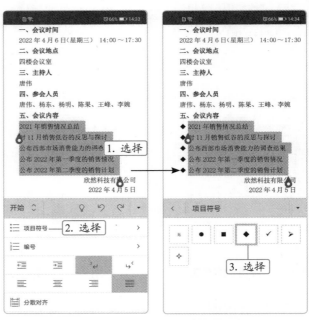

图7-14 添加项目符号

2. 将文档保存至 OneDrive

微课视频

将文档保存至
OneDrive

OneDrive 与 Office 办公软件的结合，极大地方便了日常办公。OneDrive 可以将文件存储到云端，自动记录所更改的文档内容，避免了用户重复操作带来的弊端。下面将制作好的"会议通知"文档保存至 OneDrive，具体操作如下。

1 点击文档上方的 ⋮ 按钮，在打开的下拉列表中选择"另存为"选项，如图 7-15 所示。

2 打开"另存为"界面，在下方的文本框中输入"会议通知"，在上方的"位置"栏中选择"OneDrive"选项，如图 7-16 所示。

3 打开"登录"界面，点击"登录"按钮，如图 7-17 所示。

图7-15 另存为文档

图7-16 选择"OneDrive"选项

图7-17 登录OneDrive

4 在打开的"登录"界面中输入 Microsoft 账户，点击 下一步 按钮，如图 7-18 所示。

5 在打开的"输入密码"界面输入 Microsoft 账户对应的密码，点击 登录 按钮，如图 7-19 所示。

6 返回"另存为"界面后，在其中选择"文档"选项，点击 保存 按钮，如图 7-20 所示。

7 保存完成后，文档界面的标题将变成保存的标题。

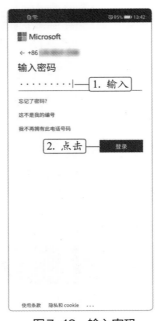

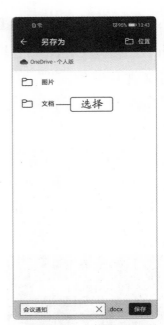

图7-18　输入账户　　　　　　　图7-19　输入密码　　　　　　　图7-20　保存文档

微课视频

在计算机上查看文档

3．在计算机上查看文档

对于保存到 OneDrive 中的文档，用户也可以在计算机中对其进行查看、编辑等操作。下面在计算机中查看保存在 OneDrive 中的"会议通知 .docx"文档，具体操作如下。

❶ 在计算机中登录 Microsoft 账户后，在打开的任意一个文档中选择"文件"/"打开"命令，在打开的"打开"界面中选择"OneDrive - 个人"选项，在右侧的列表中选择"文档"选项，如图 7-21 所示。

❷ 展开"文档"文件夹，在其中选择"会议通知 .docx"选项，如图 7-22 所示。

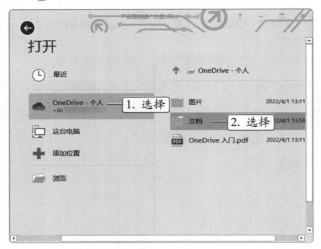

图7-21　选择"文档"选项　　　　　　　　　图7-22　选择需要打开的文档

❸ 系统将打开该文档，用户可对其进行相应的编辑。

4．分享文档

除了可以将保存在 OneDrive 中的文档在计算机上打开外，用户还可以通过共享功能将文档分享给他人。下面将"会议通知 .docx"文档分享给相关人员，具体操作如下。

1 选择"文件" / "共享"命令，在打开的"共享"界面中选择"与人共享"选项，在右侧单击"与人共享"按钮 👥，如图 7-23 所示。

2 打开"共享"任务窗格，在"邀请人员"文本框右侧单击"在通讯簿中搜索联系人"按钮 🔲，如图 7-24 所示。

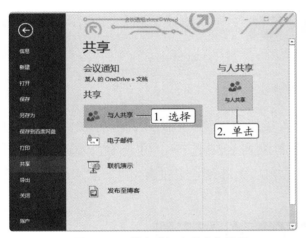

图7-23 单击"与人共享"按钮

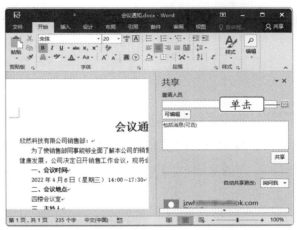

图7-24 单击"在通讯簿中搜索联系人"按钮

3 在打开的"通讯簿：全局地址列表"对话框中单击 新建联系人(W) 按钮，打开"属性"对话框，在其中输入联系人的名字和电子邮件地址后，单击 添加(A) 按钮，如图 7-25 所示。

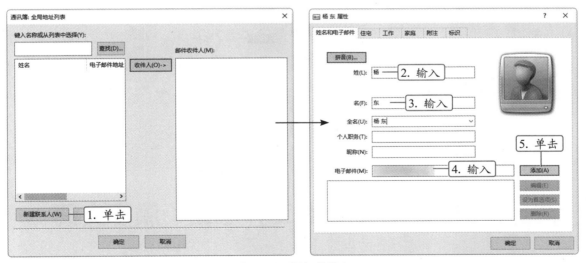

图7-25 添加收件人

4 使用相同的方法添加其他收件人，单击 确定 按钮，返回"通讯簿：全局地址列表"对话框，在左侧的列表框中选择需要共享的人，单击 收件人(O)-> 按钮，将其添加到"邮件收件人"列表框中，单击 确定 按钮，如图 7-26 所示。

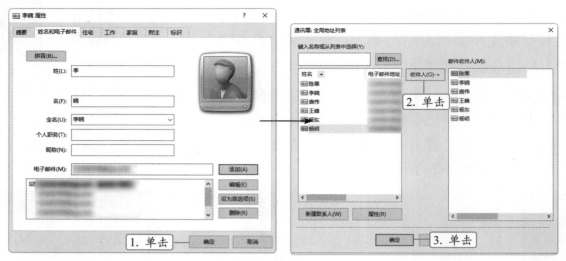

图7-26　添加邮件收件人

⑤　返回文档编辑区后，可以看到"邀请人员"文本框中显示了所有收件人的地址。单击"可编辑"右侧的下拉按钮 ，在打开的下拉列表中选择"可查看"选项，即只允许收件人查看，不允许收件人编辑，单击 共享 按钮，文件便会以邮件的形式共享出去，如图 7-27 所示。

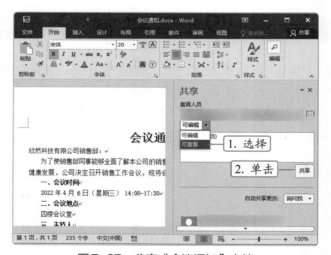

图7-27　分享"会议通知"文档

任务二　协同制作"年终工作总结"演示文稿

年终工作总结是回顾、检查过去一年的工作情况，并找出工作中的优点与缺点、成功与失败之处、经验与教训的总结报告。年终工作总结要求实事求是地对过去发生的事情做出正确的评价，以及对未来的发展制订可执行的计划等。年终工作总结包含的具体内容可以根据要求和实际情况来选择。

任务目标

老洪告诉米拉，在日常办公中，经常会同时用到 Office 的三大组件，这是因为它们之间有非常多的共通性，在制作文档时，只要合理利用它们之间的共通性，就会极大地提高工作效率。本任务将涉及 PowerPoint 与 Word、Excel 的协同，"年终工作总结"演示文稿的参考效果如图 7-28 所示。

素材所在位置 素材文件\项目七\年终工作总结.docx、产品销量表.xlsx

效果所在位置 效果文件\项目七\年终工作总结.pptx

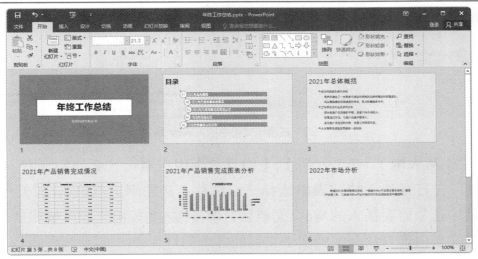

图7-28 "年终工作总结"演示文稿的参考效果

职业素养 任何一项工作都会有失败和成功两个结果，只有不断实践、不断总结，才能从中吸取经验和教训，发现事物的客观规律，从而提高自我认知和提升工作技能，我们的职场生存能力才会越来越强。

相关知识

1. PowerPoint 与 Word 之间的协同

当用户需要将文档中的内容插入幻灯片中时，就需要用到 PowerPoint 与 Word 之间的协同功能，以免重复输入导致工作效率降低。将 Word 文档内容插入幻灯片中有 3 种方法，分别是插入对象、幻灯片（从大纲）和将文档内容复制粘贴到大纲视图。

● **插入对象。**新建一个空白演示文稿，在【插入】/【文本】组中单击"对象"

按钮，打开"插入对象"对话框，在其中选中"由文件创建"单选项，然后单击 浏览(B)... 按钮，打开"浏览"对话框，在其中选择需要插入的内容所在的Word文档后，单击 打开(O) 按钮，返回"插入对象"对话框，最后单击 确定 按钮，系统将会把Word文档中的内容插入当前选择的幻灯片中，且所有内容都显示在一个占位符中，如图7-29所示。用户可双击该占位符，打开Word文档窗口，对该文档内容进行编辑。

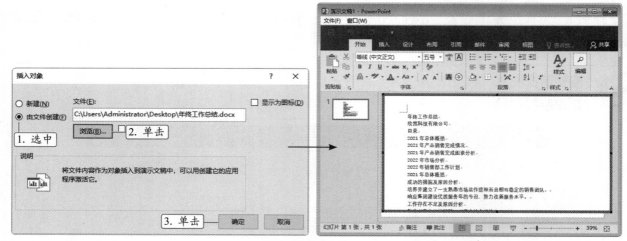

图7-29　在演示文稿中插入Word对象

● **幻灯片（从大纲）**。在【开始】/【幻灯片】组中单击"新建幻灯片"按钮下方的下拉按钮，在打开的下拉列表中选择"幻灯片（从大纲）"选项，打开"插入大纲"对话框，在其中选择需要插入的Word文档后，单击 打开(O) 按钮，即可按照Word文档中各段落的级别将文档内容自动分配到演示文稿的各个幻灯片中。

● **将文档内容复制粘贴到大纲视图**。在Word文档中按【Ctrl+C】组合键复制其中的部分内容或全部内容，然后在演示文稿的【视图】/【演示文稿视图】组中单击"大纲视图"按钮，进入大纲视图，在其中按【Ctrl+V】组合键粘贴复制的内容，粘贴的内容将全部显示在一个占位符中。将文本插入点定位到需要分到下一张幻灯片的文本内容前面，按【Enter】键新建一张幻灯片，并将文本插入点后面的所有内容自动分配到新建的幻灯片中；按【Tab】键可将段落的级别降低一级，并自动将内容分配到幻灯片的内容页占位符中，但不会移动到下一张幻灯片中。

2. PowerPoint 与 Excel 之间的协同

在制作销售、总结、计划等类型的演示文稿时，经常会用到表格或图表，如果需要的表格或图表已在Excel中制作好，就可以通过插入对象、复制粘贴等方法来将表格或图表插入PowerPoint中。

● **插入对象**。新建一个空白演示文稿，在"插入对象"对话框中选中"由文件创建"单选项，然后单击 按钮，在打开的"浏览"对话框中选择需要插入的表格或图表所在的Excel文件后，单击 按钮，返回"插入对象"对话框，最后单击 按钮，即可将Excel文件中所包含的表格和图表都插入当前所选的幻灯片中。

● **复制粘贴**。打开Excel工作簿，在其中复制需要插入的表格或图表，切换到需要插入表格或图表的幻灯片中，按【Ctrl+V】组合键粘贴。

任务实施

微课视频

将Word文档
内容插入演示
文稿中

1. 将Word文档内容插入演示文稿中

若是Word文档已检查无误，将其中的内容插入演示文稿中既能保证Word文档与演示文稿的一致性，又能提高工作效率。下面将"年终工作总结.docx"文档中的内容插入演示文稿中，具体操作如下。

1 新建并保存"年终工作总结.pptx"演示文稿，设置其"主题"为"包裹"。

2 在【开始】/【幻灯片】组中单击"新建幻灯片"按钮下方的下拉按钮，在打开的下拉列表中选择"幻灯片（从大纲）"选项，打开"插入大纲"对话框，在其中选择"年终工作总结.docx"文档后，单击 按钮，如图7-30所示。

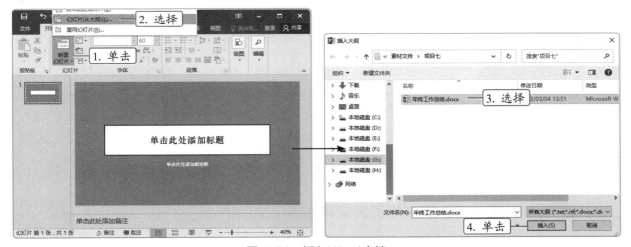

图7-30 插入Word文档

3 在【视图】/【演示文稿视图】组中单击"大纲视图"按钮，进入大纲视图，在其中将文本插入点定位到"年终工作总结"文本前，按【Backspace】键删除多余的幻灯片，再将文本插入点定位到"欣然科技有限公司"文本前，按【Tab】键使其文本段落降低一级，如图7-31所示。

4 使用同样的方法调整其他幻灯片中的内容，如图7-32所示。调整完成后，返回普通视图，并依次设置文本内容的字体格式，再为目录页设置超链接，如图7-33所示。

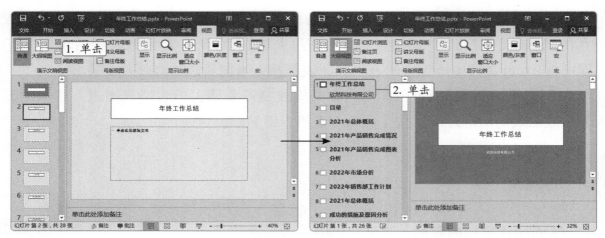

图7-31　调整文本段落

图7-32　调整文本段落后的效果

图7-33　编辑演示文稿

知识补充

　　在演示文稿中插入 Word 文档内容时，如果想将 Word 文档中的内容自动分配到演示文稿的各个幻灯片中，就必须设置 Word 文档内容的段落级别。

2. 将 Excel 工作簿中的表格和图表导入演示文稿中

除了可以在演示文稿中插入 Word 文档外，用户还可以在其中导入 Excel 工作簿中的表格和图表。下面将"产品销量表 .xlsx"工作簿中的表格和图表分别导入"年终工作总结 .pptx"演示文稿中的第 4 张幻灯片和第 5 张幻灯片中，具体操作如下。

微课视频

导入Excel工作簿中的表格和图表

　1　打开"产品销量表 .xlsx"工作簿，在其中选择 A1:D11 单元格区域，按【Ctrl+C】组合键复制该区域的内容。

　2　选择"年终工作总结 .pptx"演示文稿中的第 4 张幻灯片，单击鼠标右键，在弹出的快捷菜单中选择"粘贴选项 / 保留源格式"命令。设置导入的表格的样式，效果如图 7-34 所示。

③ 使用同样的方法将"产品销量表 .xlsx"工作簿中的图表复制粘贴至"年终工作总结 .pptx"演示文稿中的第 5 张幻灯片中，并对图表进行设置，效果如图 7-35 所示。

图7-34 导入表格

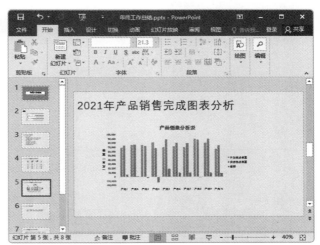

图7-35 导入图表

知识补充

复制粘贴 Excel 工作簿中的表格至幻灯片中时，在【开始】/【剪贴板】组中单击"粘贴"按钮下方的下拉按钮，在打开的下拉列表中选择"嵌入"选项，可将复制的表格嵌入幻灯片中。双击表格区域后，系统将自动打开 Excel 编辑窗口，可对表格进行编辑。

3. 分享演示文稿

微课视频

分享演示文稿

当演示文稿在公众面前放映完成后，可以分享演示文稿避免观众来不及做笔记的情况发生。下面通过腾讯文档 App 将"年终工作总结 .pptx"演示文稿分享给与会人员，具体操作如下。

❶ 在计算机桌面选择"腾讯文档"图标，双击打开此应用程序，并使用 QQ 进行登录。

❷ 进入"腾讯文档"首页，在其中单击 导入 按钮，打开"打开"对话框，选择"年终工作总结 .pptx"演示文稿，单击 打开(O) 按钮，如图 7-36 所示，在打开的"导入本地文件"对话框中单击 导入 按钮，即可上传所选文件。

❸ 上传完成后，选择右下角的"立即打开"选项，打开该演示文稿。

❹ 单击 分享 按钮，打开"分享"对话框，在"谁可以查看 / 编辑文档"栏中选择"所有人可查看"选项，表示除分享者以外的所有人都只有查看的权限，而不能编辑其中的内容，在"分享至"栏中单击"复制链接"按钮，如图 7-37 所示。

❺ 打开微信，将复制的链接分享给与会人员。

❻ 返回腾讯文档后，页面上方会显示正在查看演示文稿的用户的头像，如图 7-38 所示。

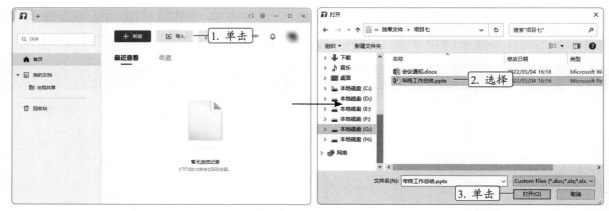

图7-36　上传演示文稿

图7-37　复制链接

图7-38　正在查看演示文稿的人

❼ 单击"文档操作"按钮三，在打开的下拉列表中选择"浏览记录"选项，打开"浏览记录"任务窗格，其中可显示已查看该演示文稿的所有人员，如图 7-39 所示。

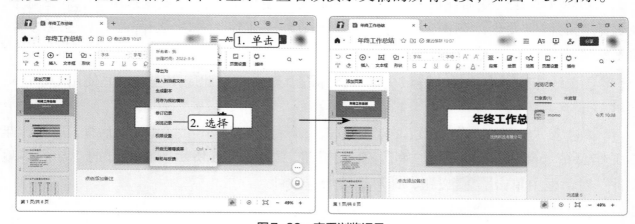

图7-39　查看浏览记录

❽ 若是在"谁可以查看／编辑文档"栏中选择"所有人可编辑"选项，则表明打开此文档的人都可以编辑其中的内容，当有人在其中做了改动时，可单击"文档操作"按钮三，在打开的下拉列表中选择"修订记录"选项，打开"修订记录"任务窗格，分享者可在其中查看修订人和修订时间，选择某个修订记录后，演示文稿将会自动跳转至修订的那一页，如图 7-40 所示。

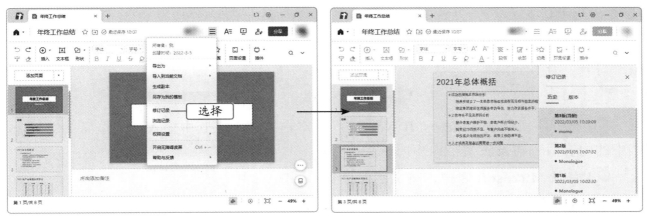

图7-40 查看修订记录

实训一 在手机端制作"工作简报"文档

微课视频

在手机端制作
"工作简报"文档

【实训要求】

工作简报作为一种了解情况、沟通信息的有效手段,在日常工作沟通中比较常见。本实训将在手机端的 Microsoft Word 中制作"工作简报"文档,进一步巩固在手机端编辑文档的操作。本实训的参考效果如图 7-41 所示。

素材所在位置 素材文件\项目七\工作简报.txt

效果所在位置 效果文件\项目七\工作简报.docx

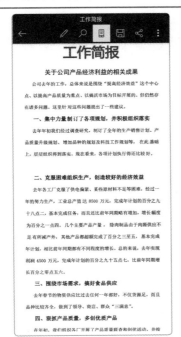

图7-41 "工作简报"文档参考效果

【实训思路】

本实训首先需要在手机端制作文档，制作好后再将其保存到 OneDrive，便于在计算机中打开、查看和编辑。

【步骤提示】

1 打开手机端的 Mricrosoft Word，新建空白文档，在其中输入"工作简报 .txt"文档中的内容后，再设置文档内容的格式。

2 登录 Microsoft 账户，将文档保存到 OneDrive 中。

3 在计算机中登录 Mricrosoft 账户，在 OneDrive 中找到手机端保存的文档。

4 打开文档，查看文档内容。

实训二 协同制作"创业计划书"演示文稿

【实训要求】

创业计划书可以帮助创业者更清楚地认识自己。本实训将"创业计划书 .docx"文档中的内容插入"创业计划书 .pptx"演示文稿中，调整插入内容的段落级别，并对演示文稿进行美化，从而快速制作出"创业计划书"演示文稿。本实训的参考效果如图 7-42 所示。

微课视频

协同制作"创业计划书"演示文稿

 素材所在位置 素材文件\项目七\创业计划书.docx
效果所在位置 效果文件\项目七\创业计划书.pptx

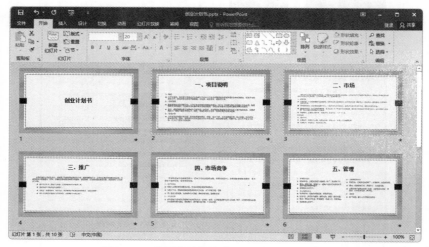

图7-42 "创业计划书"演示文稿参考效果

【实训思路】

本实训首先要检查 Word 文档中的内容，确认无误后，再通过插入对象功能将文档插入演示文稿中，最后美化演示文稿，如设置文本格式、添加动画、设置幻灯片切换效果等。

【步骤提示】

1 新建并保存"创业计划书.pptx"演示文稿，接着插入 Word 文档内容。

2 进入大纲视图，设置段落级别。

3 美化演示文稿。

 课后练习

练习1：制作"2022年员工培训计划书"文档

制作"2022 年员工培训计划书"文档时，要求将制作好的文档保存到 OneDrive 中，并执行分享操作，添加收件人信息，再将文档以邮件的形式共享。本练习的参考效果如图 7-43 所示。

 素材所在位置 素材文件\项目七\2022年员工培训计划书.txt

效果所在位置 效果文件\项目七\2022年员工培训计划书.docx

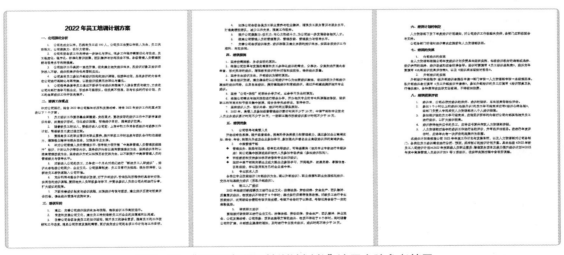

图7-43 "2022年员工培训计划书"演示文稿参考效果

操作要求如下。

● 将"2022年员工培训计划书.txt"文本文档中的内容复制粘贴至"2022年员工培训计划书.docx"文档中，并设置其字体格式和段落样式等。

● 登录Microsoft账户，新建联系人，然后发送文档。

练习2：在Word文档中插入Excel工作簿中的表格和图表

下面在 Word 文档中插入 Excel 工作簿中的表格和图表。本练习的参考效果如图 7-44 所示。

素材所在位置　素材文件\项目七\门店销售额统计表.xlsx
效果所在位置　效果文件\项目七\销售额统计分析.docx

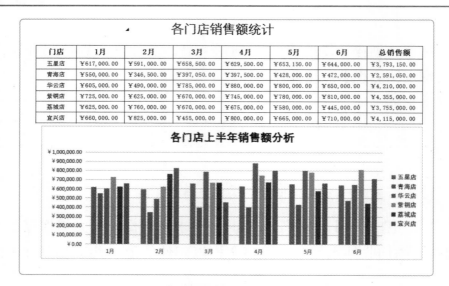

图7-44　"销售额统计分析"文档参考效果

操作要求如下。

- 新建并保存"销售额统计分析.docx"文档，在其中输入并设置文本。
- 在 Word 文档中插入"门店销售额统计表.xlsx"文件对象。
- 双击进入 Excel 编辑窗口调整表格。

技能提升

1. 手机与计算机的文件互传

　　微信和 QQ 都能同时在计算机端和手机端登录，如果要将手机中的文件传送到计算机或者将计算机中的文件传送到手机，不需要用数据线来连接手机和计算机，可直接通过微信的"文件传输助手"或 QQ 的"我的设备"来实现。

　　以微信为例，手机端与计算机端的文件互传的方法为：在手机端和计算机端同时登录微信，然后在计算机端单击"通讯录"选项，找到"文件传输助手"后，在其右侧单击 发消息 按钮，打开与"文件传输助手"的对话窗口，在其中单击"发送文件"按钮，打开"打开"对话框，在其中选择需要传送的文件（包括图片、视频、音频、文档等）后，单击 打开(O) 按钮，传送的文件就会显示在对话框中，最后单击 发送(S) 按钮，如图 7-45 所示。

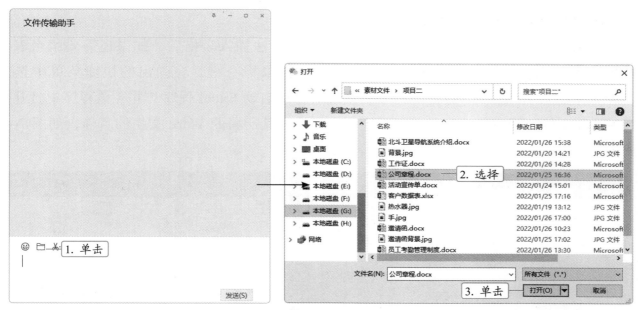

图7-45 手机与计算机端的文件互传

另外，手机端向计算机端传送文件的方法也类似，即在手机微信界面选择"文件传输助手"选项，展开与"文件传输助手"的对话窗口，在手机中选择需要传送的文件发送即可。

2. 将 Excel 工作簿中的图表以图片的形式插入演示文稿中

如果不会再对 Excel 工作簿中的图表做更改，那么可将其以图片形式复制粘贴到演示文稿中，方法为：选择图表，在【开始】/【剪贴板】组中单击"复制"按钮 右侧的下拉按钮 ，在打开的下拉列表中选择"复制为图片"选项，打开"复制图片"对话框，保持默认设置后，单击 确定 按钮，即可将图表复制为图片，接着切换到需要插入图片的幻灯片中，按【Ctrl+V】组合键粘贴，粘贴到演示文稿中的图表便是一张图片，此时用户还可以按图片的形式对其进行编辑，如图 7-46 所示。

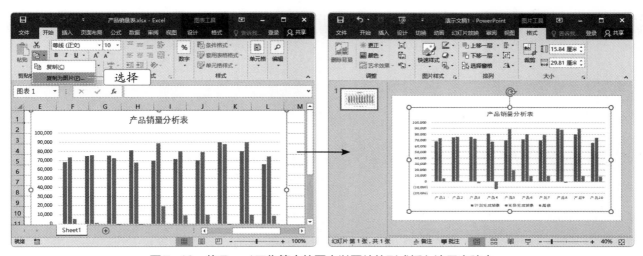

图7-46 将Excel工作簿中的图表以图片的形式插入演示文稿中

3．在 Word 文档中编辑 Excel 表格

在 Word 文档中通过插入对象或插入表格的方法插入表格后，如果还需要编辑表格数据，可在 Word 文档中选择插入的表格，单击鼠标右键，在弹出的快捷菜单中选择 "'Worksheet'对象"/"打开"命令，系统将自动启动 Excel 程序，并在该程序中打开当前 Excel 文件，同时 Excel 窗口标题栏中会显示出其所属的 Word 文档的名称，如图 7-47 所示。

图7-47　在Word 文档中编辑Excel表格

项目八

综合案例——制作产品营销推广方案

08

情景导入

经过一段时间的学习，米拉熟悉了Word文档、Excel表格和演示文稿的制作和编辑方法，办公技能得到了提升，老洪决定让米拉负责更加综合、复杂的产品营销推广方案相关文档、表格和演示文稿的制作。

米拉：我可以做好吗？

老洪：不用担心，只要分别制作出"产品营销推广方案"文档、"营销费用预算表"表格、"产品营销推广方案"演示文稿就可以了。

米拉：我知道了。

老洪：我稍后将相关资料给你。

学习目标

◎ 掌握制作Word文档的一般流程和方法
◎ 掌握制作Excel表格的一般流程和方法
◎ 掌握制作演示文稿的一般流程和方法

技能目标

◎ 制作"产品营销推广方案"文档
◎ 制作"营销费用预算表"表格
◎ 制作"产品营销推广方案"演示文稿

任务一　　制作"产品营销推广方案"文档

本任务将使用 Word 制作"产品营销推广方案"文档。在制作该文档前，应先做好市场调查及相关资料的搜集工作，再整合处理这些资料，将其制作成正式的文档。"产品营销推广方案"文档的参考效果如图 8-1 所示。

素材所在位置　素材文件\项目八\产品营销推广方案.txt
效果所在位置　效果文件\项目八\产品营销推广方案.docx

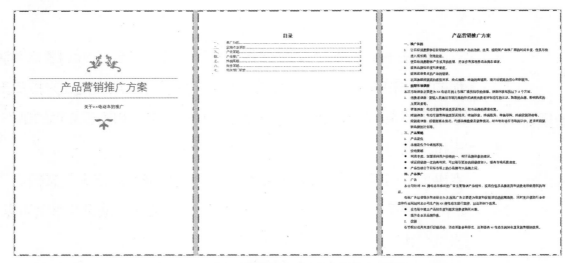

图8-1　"产品营销推广方案"文档的参考效果

1. 输入文本与格式设置

使用 Word 可整理文案资料，制作产品营销推广的相关策划案。撰写产品营销推广方案时，首先应该进行准确的市场调查，再明确产品的推广目的、产品定位、推广方法及相关部门的职责等，以便制作出符合需要的产品营销推广方案。下面制作"产品营销推广方案.docx"文档，并对其中的内容进行编辑，具体操作如下。

微课视频
输入文本与
格式设置

❶ 新建并保存"产品营销推广方案.docx"文档，将"产品营销推广方案.txt"文本文档中的内容复制粘贴至该文档中。

❷ 按【Ctrl+A】组合键全选文本，在【开始】/【段落】组中单击右下角的"对话框启动器"按钮，打开"段落"对话框。在"缩进"栏的"特殊格式"下拉列表中选择"首行缩进"选项，在"缩进值"数值框中输入"2 字符"；在"间距"栏的"行距"下

拉列表中选择"多倍行距"选项，在"设置值"数值框中输入"1.3"；单击 确定 按钮，如图 8-2 所示。

③ 选择"产品营销推广方案"文本，在【开始】/【样式】组中单击"样式"按钮，在打开的下拉列表中选择"标题"选项，如图 8-3 所示。

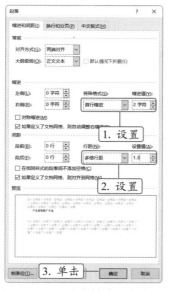

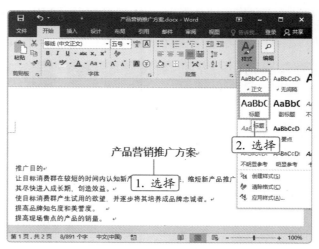

图8-2 设置文本缩进和文本间距　　　　　　图8-3 应用样式

④ 在步骤③中打开的下拉列表中选择"创建样式"选项，打开"根据格式设置创建新样式"对话框，在其中单击 修改(M) 按钮，打开"根据格式设置创建新样式"对话框，在"属性"栏中的"名称"文本框中输入"1级"，在"格式"栏中单击"加粗"按钮**B**，单击 确定 按钮，如图 8-4 所示。

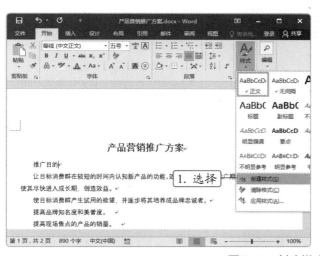

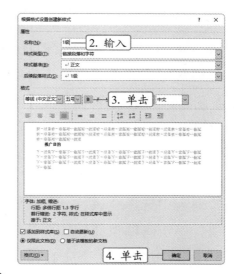

图8-4 创建样式

⑤ 为"推广目的""前期市场调查""产品策略""产品推广""终端策略""服务策略""相关部门职责"文本应用创建的"1级"样式。

⑥ 同时选择应用了"1 级"样式的文本，在【开始】/【段落】组中单击"编号"按钮 右侧的下拉按钮 ，在打开的下拉列表中选择"编号库"栏中的"一、二、三、"选项，如图 8-5 所示。

⑦ 使用同样的方法为各标题下方的文本添加"1.2.3."样式的编号。

⑧ 选择"品牌定位于中高档系列"文本，在【开始】/【段落】组中单击"项目符号"按钮 右侧的下拉按钮 ，在打开的下拉列表中选择黑色的圆形，如图 8-6 所示。

⑨ 使用同样的方法为各小标题下方的文本添加相同的项目符号。

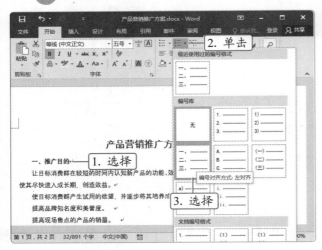

图8-5　添加编号

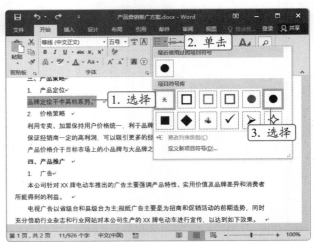

图8-6　添加项目符号

2. 完善文档

输入并编辑完文本后，还需要设置文档的页面、封面、目录、页眉与页脚等。下面完善"产品营销推广方案 .docx"文档，包括设置文档页边距、添加封面、目录和页眉页脚等，具体操作如下。

微课视频

完善文档编排

① 在【布局】/【页面设置】组中单击"页边距"按钮 ，在打开的下拉列表中选择"适中"选项，如图 8-7 所示。

② 在【设计】/【页面背景】组中单击"页面边框"按钮 ，打开"边框和底纹"对话框，在"设置"栏中选择"三维"选项，在"样式"列表框中选择第 5 种样式，在"颜色"下拉列表中选择"黑色，文字 1，淡色 50%"选项，在"宽度"下拉列表中选择"4.5磅"选项，单击 选项(O)... 按钮，如图 8-8 所示。

③ 打开"边框和底纹选项"对话框，在其中将"边距"栏的"上""下""左""右"都设置为"0 磅"，单击 确定 按钮，如图 8-9 所示。

④ 返回"边框和底纹"对话框，单击 确定 按钮，返回文档。设置页面边框后的效果如图 8-10 所示。

图8-7 设置页边距

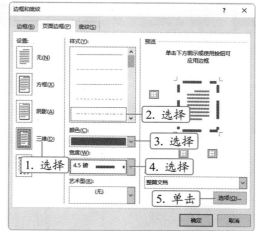

图8-8 设置页面边框

图8-9 设置边距

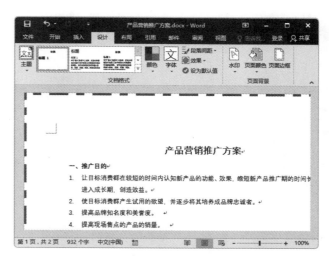

图8-10 查看页面边框效果

⑤ 在【插入】/【页面】组中单击"封面"按钮📄，在打开的下拉列表中选择"花丝"选项，如图8-11所示。

⑥ 在"文档标题"文本框中输入"产品营销推广方案"，在"文档副标题"文本框中输入"关于××电动车的推广"，删除封面页中多余的文本框。

⑦ 将文本插入点定位到第2页的"产品营销推广方案"文本前，在【引用】/【目录】组中单击"目录"按钮📄，在打开的下拉列表中选择"自定义目录"选项，如图8-12所示。

⑧ 在打开的"目录"对话框的"常规"栏中的"显示级别"数值框中输入"1"，取消勾选"使用超链接而不使用页码"复选框，单击 选项(O)... 按钮，打开"目录选项"对话框，删除"标题""标题1"样式对应的"目录级别"文本框中的数字"1"，在"1级"样式对应的"目录级别"文本框中输入"1"，单击 确定 按钮，如图8-13所示。

⑨ 返回"目录"对话框，单击 确定 按钮，返回文档查看目录效果。

图8-11 添加封面

图8-12 选择"自定义目录"选项

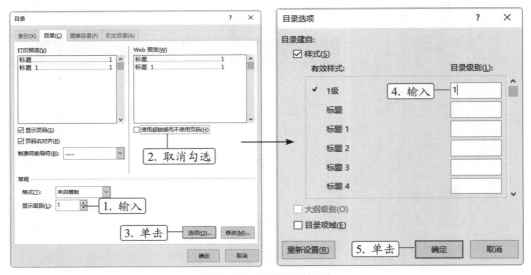

图8-13 设置目录级别

10 在插入的目录上方输入"目录"，并将其字体格式设置为"等线 Light（中文标题）、三号、加粗、居中"。

11 将文本插入点定位至"产品营销推广方案"文本前，在【布局】/【页面设置】组中单击"分隔符"按钮，在打开的下拉列表中选择"分页符"选项，如图 8-14 所示。

12 在该页的页眉区域处双击鼠标左键，进入页眉页脚编辑状态，在【开始】/【字体】组中单击"清除所有格式"按钮🧹，删除页眉中的横线，在【页眉和页脚工具 设计】/【选项】组中勾选"首页不同"复选框。

13 在【页眉和页脚工具 设计】/【页眉页脚】组中单击"页码"按钮🔲，在打开的下拉列表中选择"页面底端"/"普通数字 2"选项，如图 8-15 所示。

14 在【页眉和页脚工具 设计】/【关闭】组中单击"关闭页眉和页脚"按钮✕，退出页眉页脚的编辑状态，更新整个目录。

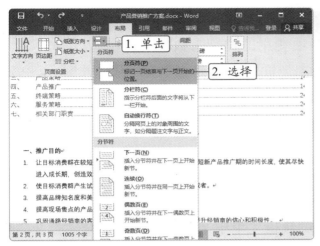

图8-14 插入分页符

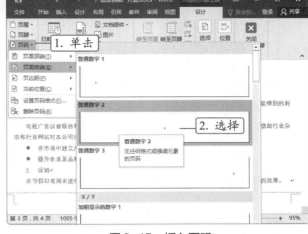

图8-15 插入页码

任务二 制作"营销费用预算表"表格

米拉制作完"产品营销推广文案"文档后，打算使用 Excel 制作"营销费用预算表"表格。老洪告诉米拉，制作"营销费用预算表"表格时，首先需要输入各项费用的名称及类别，然后根据数量和单价计算总的费用，并通过数据透视表和数据透视图来分析各项费用的占比。"营销费用预算表"表格的参考效果如图8-16所示。

 素材所在位置 素材文件\项目八\营销费用预算表.txt
效果所在位置 效果文件\项目八\营销费用预算表.xlsx

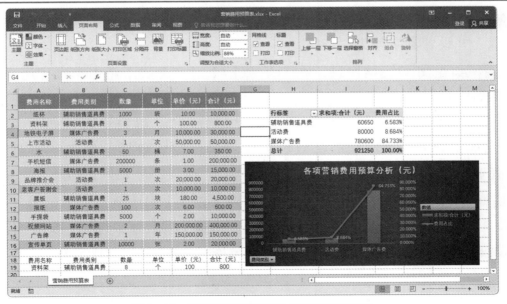

图8-16 "营销费用预算表"表格的参考效果

1. 制作"营销费用预算表"表格

"营销费用预算表"表格中详细记录了各项费用的类别、数量、价格等信息，便于企业了解各项费用的支出情况。下面制作"营销费用预算表 .xlsx"表格，并适当美化表格，具体操作如下。

1 新建并保存"营销费用预算表 .xlsx"表格，将"营销费用预算表 .txt"文本文档中的内容复制粘贴至该表格中。

2 选择 A 列和 B 列，在【开始】/【单元格】组中单击"格式"按钮，在打开的下拉列表中选择"自动调整列宽"选项，如图 8-17 所示。

3 选择第 1 行，单击鼠标右键，在弹出的快捷菜单中选择"行高"命令，打开"行高"对话框，在"行高"数值框中输入"30"后，单击　确定　按钮，如图 8-18 所示。

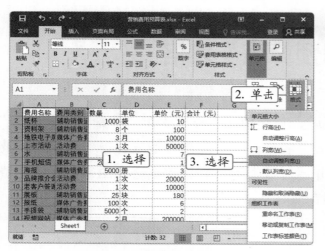

图8-17　调整列宽

图8-18　调整行高

4 使用同样的方法将第 2 行至第 16 行的行高设置为 18，将 A1:F1 单元格区域的字体加粗显示，并设置其字号为"12"。

5 选择 A1:F16 单元格区域，在【开始】/【对齐方式】组中单击"居中"按钮，使表格数据居中显示。

6 选择 F2 单元格，在其中输入公式"=C2*E2"，将鼠标指针移至 F2 单元格右下角，当鼠标指针变成✚形状时，双击鼠标左键，完成数据的填充，如图 8-19 所示。适当调整列宽，使数据完全显示出来。

7 选择 E2:F16 单元格区域，在【开始】/【数字】组中单击右下角的"对话框启动器"按钮，打开"设置单元格格式"对话框，在"分类"列表框中选择"数值"选项，在"小数位数"数值框中输入"2"，勾选"使用千位分隔符"复选框，单击　确定　按钮，如图 8-20 所示。

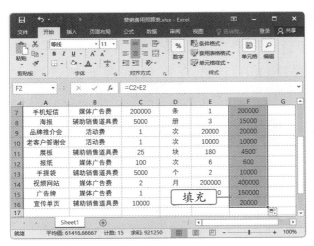

图8-19 填充数据

图8-20 设置数据格式

8 选择 A1:F16 单元格区域，在【开始】/【样式】组中单击"套用表格格式"按钮，在打开的下拉列表的"中等深浅"栏中选择"表样式中等深浅 14"选项，如图 8-21 所示，在打开的"套用表格式"对话框中保持默认设置，单击 确定 按钮。

9 在【表格工具 设计】/【表格样式选项】组中取消勾选"筛选按钮"复选框，取消显示表字段中的筛选按钮，如图 8-22 所示。

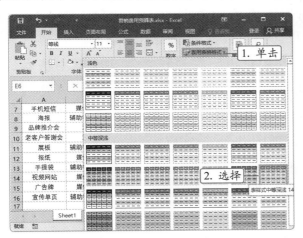

图8-21 应用表样式

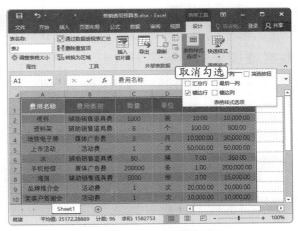

图8-22 取消筛选按钮

10 双击工作表标签，将"Sheet1"工作表重命名为"营销费用预算表"。

2. 分析表格数据

制作完表格后，用户就可以分析其中的数据，查看各项费用占总费用的比例。下面分析"营销费用预算表 .xlsx"表格中的数据，具体操作如下。

微课视频

分析表格数据

1 在 A18:F18 单元格中输入表格的表头字段并使其居中显示。选择 A19 单元格，在【数据】/【数据工具】组中单击"数据验证"按钮，打开"数据验证"对话框，单击"设置"选项卡，在"允许"下拉列表中选择"序列"选项，在"来源"参数框中输入"=\$A\$2:\$A\$16"，单击 [确定] 按钮，如图 8-23 所示。

②　在 A19 单元格的下拉列表中选择任意一个费用名称后，在 B19 单元格中输入公式"=VLOOKUP(\$A\$19,\$A\$1:\$F\$16,COLUMN(),0)"，并将该公式向右填充至 F19 单元格，再使其中的文本居中显示，如图 8-24 所示。

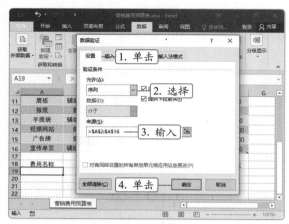

图8-23　设置数据验证

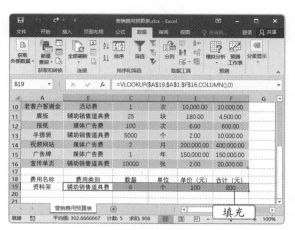

图8-24　填充公式

③　返回表格，查看各项费用的支出情况。

④　除了各项费用的支出情况，用户还可以查看费用类别的占比情况。在【插入】/【表格】组中单击"数据透视表"按钮，打开"创建数据透视表"对话框，在"选择放置数据透视表的位置"栏中选中"现有工作表"单选项，在"位置"文本框中输入"营销费用预算表 !\$H\$2"，单击 [确定] 按钮，如图 8-25 所示。

⑤　打开"数据透视表字段"任务窗格，将"费用类别"字段拖曳到"行"列表框中，拖曳两次"合计 / 元"字段到"值"列表框中，如图 8-26 所示。

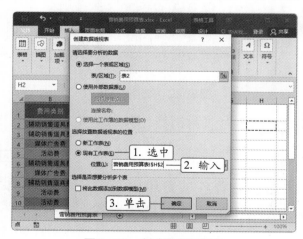

图8-25　创建数据透视表

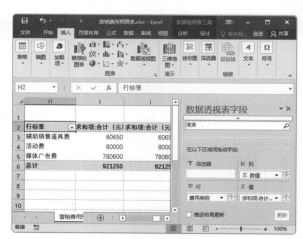

图8-26　拖曳字段

⑥　选择 J2 单元格，单击鼠标右键，在弹出的快捷菜单中选择"值字段设置"命令，打开"值字段设置"对话框，在"自定义名称"文本框中输入"费用占比"，单击"值显

示方式"选项卡，在"值显示方式"下拉列表中选择"总计的百分比"选项，单击 确定 按钮，如图 8-27 所示，J 列中的数据将以百分比形式显示。

7 选择数据透视表中的任意单元格，在【数据透视表工具 分析】/【工具】组中单击"数据透视图"按钮，打开"插入图表"对话框，在左侧列表框中选择"组合"选项，在右侧选择"自定义组合"选项，在"费用占比"系列名称对应的"图表类型"下拉列表中选择"带数据标记的折线图"选项，勾选其右侧的"次坐标轴"复选框，单击 确定 按钮，如图 8-28 所示。

图8-27　设置值显示方式

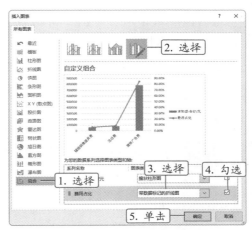

图8-28　创建数据透视图

8 选择图表，在【数据透视图工具 设计】/【图表样式】组中选择"样式 6"选项，更改图表样式，如图 8-29 所示。

9 保持图表处于选中状态，在【数据透视图工具 设计】/【图表布局】组中单击"添加图表元素"按钮，在打开的下拉列表中选择"图表标题"/"图表上方"选项，将图表标题更改为"各项营销费用预算分析（元）"。

10 选择折线图数据，单击鼠标右键，在弹出的快捷菜单中选择"添加数据标签"/"添加数据标签"命令，如图 8-30 所示。

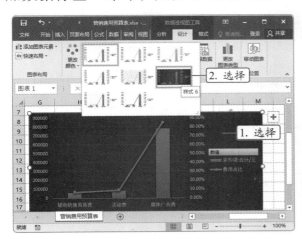

图8-29　更改图表样式

图8-30　添加数据标签

3. 打印表格

完成表格的编辑操作后，为了方便传阅及留档，还需要将其打印出来。下面打印输出 5 份 "营销费用预算表 .xlsx" 表格，具体操作如下。

① 在【视图】/【工作簿视图】组中单击 "分页预览" 按钮▦，进入分页视图状态。将鼠标指针移至 "第 1 页" 和 "第 2 页" 之间的蓝色虚线上，当鼠标指针变成↔形状时，按住鼠标左键并向右拖曳鼠标指针至右侧的垂直蓝色实线上，使表格和数据透视图表打印在一页上，如图 8-31 所示。

② 在【页面布局】/【页面设置】组中单击右下角的 "对话框启动器" 按钮▣，打开 "页面设置" 对话框，在 "页面" 选项卡中设置 "方向" 为 "横向"，在 "页边距" 选项卡中勾选 "水平" 复选框和 "垂直" 复选框，单击 打印预览(W) 按钮，进入 "打印" 界面，在其中预览打印效果后，在 "份数" 数值框中输入 "5"，单击 "打印" 按钮🖶打印输出表格，如图 8-32 所示。

图8-31　调整打印页面

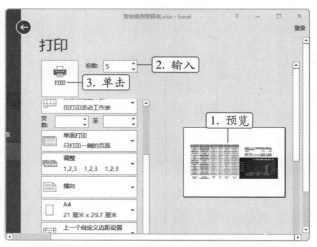

图8-32　打印输出表格

任务三　制作 "产品营销推广方案" 演示文稿

整理完毕文档与费用资料后，即可使用 PowerPoint 2016 制作 "产品营销推广方案" 演示文稿。"产品营销推广方案" 演示文稿的参考效果如图 8-33 所示。

素材所在位置　素材文件\项目八\产品营销推广方案.txt、电动车.jpg
效果所在位置　效果文件\项目八\产品营销推广方案.pptx、产品营销推广方案.pdf

图8-33 "产品营销推广方案"演示文稿的参考效果

1. 制作母版

若要制作一份完整的演示文稿,除了要先搜集相关资料外,还需要为其搭建一个完整的整体框架,使整体效果更加美观。下面制作"产品营销推广方案 .pptx"演示文稿的母版,具体操作如下。

微课视频

制作母版

① 新建并保存"产品营销推广方案 .pptx"演示文稿,在【视图】/【母版视图】组中单击"幻灯片母版"按钮,进入母版视图。

② 选择第 1 张幻灯片,在【幻灯片母版】/【背景】组中单击"背景样式"按钮,在打开的下拉列表中选择"样式 9"选项,如图 8-34 所示。

③ 选择第 2 张幻灯片,在其中绘制一个直角三角形,并设置其"形状填充"为"橙色",设置"形状轮廓"为"无轮廓"。选择该形状,在【绘图工具 格式】/【排列】组中单击"旋转对象"按钮,在打开的下拉列表中选择"垂直翻转"选项,如图 8-35 所示。

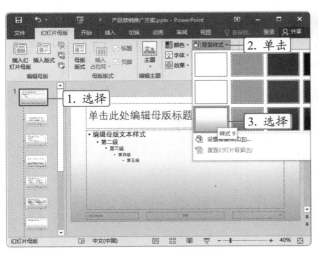

图8-34 设置背景样式

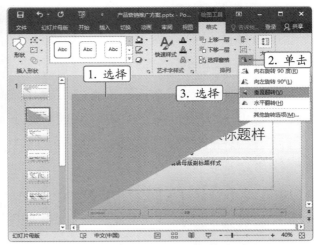

图8-35 旋转形状

④ 复制直角三角形,将其"形状填充"设置为"黑色,文字 1,淡色 25%",调整其旋转角度,并将其移至页面右下角。

⑤ 在第 2 张幻灯片中插入"电动车 .jpg"图片，并将其移至页面右侧。将该图片复制粘贴至第 3 张幻灯片中，调整其大小并在【图片工具 格式】/【排列】组中设置其水平翻转，再将其移至页面左上角，接着绘制并编辑 3 个矩形，如图 8-36 所示。

⑥ 使用同样的方法在第 4 张幻灯片中绘制两个直角三角形，并调整其大小、颜色、位置和旋转角度。复制粘贴第 2 张幻灯片中的图片，选择复制的图片，调整其位置，使其位于直角三角形下方。

⑦ 保持图片处于选中状态，在【图片工具 格式】/【调整】组中单击"颜色"按钮，在打开的下拉列表的"重新着色"栏中选择"灰色 -25%，背景颜色 2 浅色"选项，如图 8-37 所示。

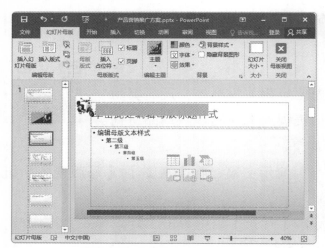

图 8-36　设置其他版式　　　　　　图 8-37　调整图片颜色

⑧ 在【幻灯片母版】/【关闭】组中单击"关闭母版视图"按钮，退出母版视图。

2．制作内容页

通过设置幻灯片母版搭建好演示文稿框架后，便可在幻灯片中添加文字、SmartArt 图形等内容。下面制作"产品营销推广方案 .pptx"演示文稿的内容页，具体操作如下。

微课视频

制作内容页

① 在第 1 张幻灯片的标题占位符中输入"产品营销推广方案"，并将其字体格式设置为"方正兰亭中黑简体、80、加粗"，在副标题占位符中输入"关于 ×× 电动车的推广"，并将其字体格式设置为"方正兰亭中黑简体、28、加粗"。将标题占位符和副标题占位符移动至页面左侧。

② 在【开始】/【幻灯片】组中单击"新建幻灯片"按钮下方的下拉按钮，在打开的下拉列表中选择"节标题"选项，如图 8-38 所示。

③ 在第 2 张幻灯片中输入并编辑"目录"文本后，在下方空白处绘制一个六边形，并将其"形状填充"设置为"金色，个性色 2，深色 25%"，将"形状轮廓"设置为"无轮廓"。

④ 在六边形右侧绘制一个横排文本框，并在其中输入"推广目的"，将其字体格式设置为"思源黑体 CN、24、加粗"，组合形状和文本框。

⑤ 复制 6 次组合对象，并修改其中的文本，完成目录页的制作，如图 8-39 所示。

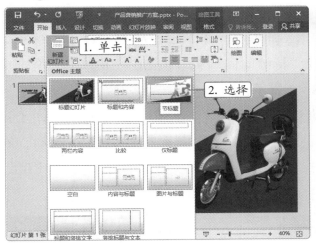
图8-38 插入节标题版式

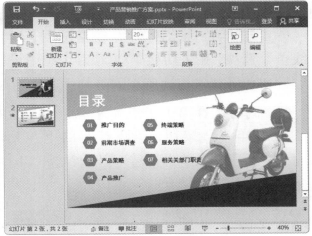
图8-39 目录页效果

⑥ 新建"标题和内容"版式的幻灯片，在其中输入"产品营销推广方案 .txt"文本文档中的"推广目的"下的文本，选择正文占位符，为其添加"1.2.3."样式的编号，并设置其"行距"为"1.3"，如图 8-40 所示。

⑦ 使用同样的方法制作第 4 张至第 8 张幻灯片。

⑧ 修改第 9 张幻灯片的标题后，在【插入】/【插图】组中单击"SmartArt"按钮，在打开的"选择 SmartArt 图形"对话框中选择"堆叠列表"选项，在其中输入与"相关部门职责"对应的文本。

⑨ 选择 SmartArt 图形，在【SmartArt 工具 设计】/【SmartArt 样式】组中单击"更改颜色"按钮，在打开的下拉列表的"彩色"栏中选择"彩色 - 个性色"选项，如图 8-41 所示。

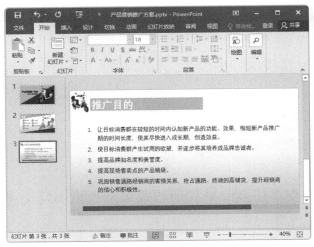
图8-40 制作内容页幻灯片

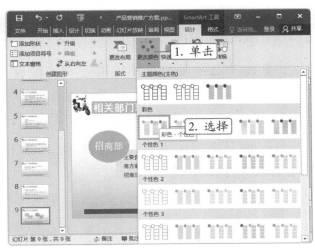
图8-41 更改SmartArt图形颜色

3. 添加动画

添加动画

在幻灯片中添加内容后，便可为幻灯片添加切换效果和动画效果。下面为"产品营销推广方案.pptx"演示文稿添加幻灯片切换效果和动画效果，具体操作如下。

1 选择第 1 张幻灯片，在【切换】/【切换到此幻灯片】组中的列表框中选择"随机线条"选项，在【切换】/【计时】组中设置"持续时间"为"01.50"，并单击"全部应用"按钮 将其应用到所有幻灯片中，如图 8-42 所示。

2 同时选择第 1 张幻灯片中的标题和副标题占位符，在【动画】/【动画】组中单击"动画样式"按钮，在打开的下拉列表的"进入"栏中选择"劈裂"选项，在【动画】/【计时】组中设置"开始"为"上一动画之后"，设置"持续时间"为"01.00"，如图 8-43 所示。

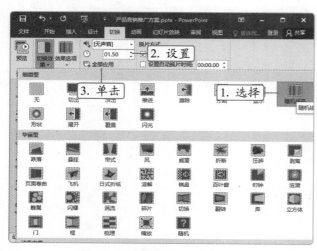

图8-42　设置幻灯片切换效果

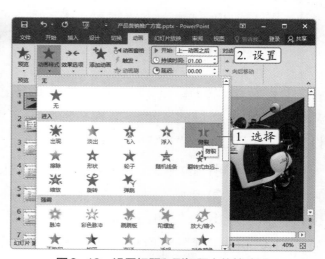

图8-43　设置标题和副标题占位符动画

3 选择目录页中的第一个目录对象，为其添加"自左侧"的"擦除"动画，在【动画】/【计时】组中设置该动画的"开始时间"为"上一动画之后"，**设置"持续时间"**为"01.00"，如图 8-44 所示，在【动画】/【高级动画】组中双击**"动画刷"** 按钮，为目录中的其他对象应用同样的动画。

4 选择第 3 张幻灯片中的正文占位符，为其添加"按段落、上浮"的"浮入"动画，在【动画】/【计时】组中设置该动画的"开始时间"为"上一动画之后"，设置"持续时间"为"00.50"，如图 8-45 所示。

5 使用相同的方法为其他幻灯片中的对象添加动画效果，并设置动画效果的"开始时间""持续时间"等。

6 添加完动画后，进入幻灯片放映状态，查看切换效果和动画效果是否流畅且无误。

7 将制作完成的演示文稿输出为 PDF 文件并保存在计算机中。

图8-44 设置目录页动画效果

图8-45 设置内容页动画效果

课后练习——制作"年终总结"文档

根据提供的素材制作"年终总结"相关办公文档。在制作过程中，先使用 Word 编辑文档内容，再使用 Excel 制作相关表格，最后将文档内容和表格复制到演示文稿中。本练习的参考效果如图 8-46 所示。

素材所在位置 素材文件\项目八\财务部年终总结.txt、客户服务部年终总结.txt、业务部年终总结.txt、图片1.jpg、图片2.jpg

效果所在位置 效果文件\项目八\财务部年终总结.docx、客户服务部年终总结.docx、业务部年终总结.docx、订单明细.xlsx、年终总结.pptx

图8-46 "年终总结"办公文档参考效果

操作要求如下。

● 新建"财务部年终总结.docx""客户服务部年终总结.docx""业务部年终总结.docx"文档；设置标题字体格式为"方正大标宋简体，二号"，设置正文字体格式为"华文楷体，四号"，设置"行距"为"多倍行距、1.8"，并添加编号使文档的结构更加清晰。

● 新建"订单明细.xlsx"工作簿，输入订单数据，设置"行高"为"20"，套用"表样式中等深浅9"表格样式。

● 新建"年终总结.pptx"演示文稿，通过导入素材图片和绘制形状设置幻灯片母版，搭建演示文稿框架。

● 填充内容页，其中第4张幻灯片需要设置超链接，使其链接到相应的总结文档，第5张幻灯片中需复制"订单明细.xlsx"工作簿中的数据表格。

1. Word文档的制作流程

Word常用于制作和编辑办公文档，如通知、说明书等。在制作这些文档时，只要掌握了使用Word制作文档的流程，就会非常方便、快捷。虽然使用Word可制作的文档类型非常多，但其制作流程都基本相同，图8-47所示为使用Word制作文档的流程。

2. Excel表格的制作流程

Excel用于创建和维护电子表格，通过它不仅可制作各种类型的电子表格，还能对电子表格中的数据进行计算和统计。Excel的应用范围比较广，如制作日常办公表格、财务表格等，在制作这些表格前，需要掌握使用Excel制作电子表格的流程，如图8-48所示。

图8-47　Word文档制作流程

图8-48　Excel电子表格制作流程

3. PowerPoint演示文稿的制作流程

PowerPoint用于制作和放映演示文稿，是现在办公行业中应用最广泛的多媒体编辑软件之一，使用PowerPoint软件可制作用于培训、宣传、授课等的演示文稿。PowerPoint虽然应用比较广泛，但演示文稿的制作流程都类似，图8-49所示为用PowerPoint制作演示文稿的流程。

图8-49　PowerPoint演示文稿制作流程